普通高等教育"十三五"规划教材

野外地质素描基础教程

颜世永　编

中国石化出版社

图书在版编目(CIP)数据

野外地质素描基础教程／颜世永编．—北京：
中国石化出版社，2018.9
普通高等教育"十三五"规划教材
ISBN 978-7-5114-5028-9

Ⅰ．①野… Ⅱ．①颜… Ⅲ．①地质素描-高等学校-
教材 Ⅳ．①P623

中国版本图书馆 CIP 数据核字(2018)第 206267 号

中国石化出版社出版发行

地址：北京市朝阳区吉市口路 9 号
邮编：100020　电话：(010)59964500
发行部电话：(010)59964526
http://www. sinopec-press. com
E-mail：press@ sinopec. com
北京科信印刷有限公司印刷
全国各地新华书店经销

*

787×1092 毫米 16 开本 8.5 印张 211 千字
2018 年 11 月第 1 版　2018 年 11 月第 1 次印刷
定价：42.00 元

前　言

　　地质素描是地质工作者的一项基本技能，很多从事地质工作的前辈们在地质素描上都具有很深的造诣。近些年来，因为数码相机等技术的迅速发展，地质摄影逐渐取代了地质素描，成为教材、报告中的重要插图来源。但是在实际应用中，因受地质景象周围冗余的、与主要地质现象无关景物的干扰，往往会造成所拍摄的照片主次不清，加上光线、气候等因素的影响，地质摄影往往达不到预期的效果。

　　地质素描则吸取了绘画技巧和地质制图中运用图例概括地质结构、构造等特点，以线条为主要表现形式来反映地质现象的形态特征和规律，在记录和阐明地质问题方面给人以直观、形象的感觉，具有重点突出、形象鲜明、概念清晰、应用简便等特点。因此，地质素描在目前仍是广大地质工作者在野外考察时应具备的技能之一。

　　笔者在 10 余年的野外地质实习教学过程中，发现大部分学生基本不会绘制地质素描，绘制的信手剖面图存在比例不协调、线条应用不合理等问题，各个高校也注意到这一问题，并开始重视培养学生在这方面的基本技能。

　　地质素描在中外地质、地理工作者的长期实践过程中，取得了大量的经验并创造了一些成功的技法。本书通过综合前人所取得的经验和技法，介绍了野外地质素描的实例、要求和技法，为了说明各种地质体的表现方法，选编了一些参考图。这些参考图多引自前人已出版的著作，或从各网站中选取，为本书的编写提供了不菲的帮助。但部分图片因为各种原因，难以查明原作者，无法注明出处，敬请谅解。如涉及版权问题，请原作者与本书作者联系。在此一并表示衷心感谢！

　　受编者水平所限，书中难免出现疏漏之处，敬请广大读者批评指正。

目　录

第一章 地质素描、地质摄影与风景速写

地质素描和地质摄影是真实地记录野外地质现象的两种有效的方法，但由于野外地质现象繁杂纷乱，地质摄影不能去掉冗余的现象，造成照片繁杂、重点不突出，甚至出现地质现象被其他景物遮挡的现象，此外地质摄影还易受光线、气候及地质体出露情况的限制，造成难以拍摄到理想的照片，而地质素描则可以根据观察者的需要，在决定取舍、突出地质内容方面较为自由。

地质素描和地质摄影同样可以清楚地表示一个地区的地质现象。

地质照片中无法反映出露条件不好、露头不连续、界线不清楚的地质现象，而地质素描可以加工，概括地反映构造关系。

在光线充足、岩层出露好、但是构造形态不十分清楚的情况下，也无法拍出理想的地质照片，而地质素描却可以将不清楚的构造轮廓画出来，使它的形态更突出。

地质素描运用我国传统绘画的表现形式——线描来表现地质现象的形态特征。特别是地景素描，在题材和表现手法等方面与风景速写有相似之处。

地质素描强调如实地描绘客观现象，表达地质内容。而风景速写要求作者根据构思的需要，运用形式美的法则，处理画面的意境，为加强景物的艺术感染力，可以用夸张和想象来表达作者的思想感情。因而地质素描和风景速写是有差别的。

图1-1为一幅广西阳朔穿岩岩溶地貌的地质素描，它表现了石灰岩地层受溶蚀作用后

NE

图1-1 广西阳朔穿岩岩溶地貌地质素描(据蓝淇锋等，1979)

地表出露的形态特征。从远景的孤峰到近景的穿岩，对石灰岩地层厚薄变化、产状近水平和近处稍有弯曲的形态都进行了如实的描绘，省略了无关的景物，如云、树木和小船。

　　图1-2为一幅以广西阳朔穿岩为题材的风景速写，蓝淇锋等（1979）根据自己的构思需要，对景物做了一定的概括和提炼，孤峰和穿岩的形象都有多夸张。

图1-2　广西阳朔穿岩岩溶地貌地景速写(据蓝淇锋等，1979)

第二章　地质素描的基本要点

　　地质素描的目的在于阐明某些地质问题，不仅要描绘单一的地质现象，而且要把某些地质实体的空间变化及相互关系表现出来，并尽可能给人以立体感、真实感。为达到这一效果，在描绘之前要对被描绘物体进行详细观察，明确其基本形状及它们之间空间组合关系，应用透视的原理及方法，才能绘制出一幅好的地质素描作品。

一、素描绘图工具与使用

　　1. 素描工具

　　纸张：纸质密实、能多次擦拭修改，不易起毛，不留笔道、痕迹。

　　铅笔：型号在 2H~8B 之间，初学者可用 2B~4B。

　　炭笔：粉质无铅画笔，强表现力，不宜涂改，不易擦拭。

　　2. 辅助工具

　　橡皮：质地柔软、富有弹性，既能擦掉笔迹，又不损伤画面。

　　纸笔：质地柔软而韧性较强的纸，卷成松紧适度的纸卷，将其一端削成笔状。

　　布：柔软而薄的布，用途介于橡皮和纸笔之间。

　　3. 素描工具的使用

　　1）执笔方法

　　（1）斜握法：如握钢笔写字相同。

　　（2）横握法：以手腕或手臂带动手腕运笔。

　　2）用笔要点

　　（1）掌握正确的运笔方法。掌握以轻重不同的腕力带动运笔的技巧，画出或实或虚、或刚或柔、气韵贯通、富于表现力的线条。

　　（2）掌握用笔的软硬类型。打轮廓使用较软的铅笔，用力轻，以便修改。画大面积色调以较软的铅笔打底色，再用较硬的铅笔深入刻画。

　　（3）掌握笔迹效果。细部刻画的线条笔迹，力求明快、自然而有力度感；大面积色调的线条笔迹，力求随意自如，流畅有力。线条的组织可斜向排列、水平排列、垂直排列、圆弧排列、交叉排列。排线时，要方向一致，疏密适中，要使线条两头轻、中间重，不连笔；排列方向要适当考虑物体的块面结构；画暗部时，要改变排线的方向，一层一层加深，但是线条交叉的角度不易过大，方向变化不易过多，行笔速度要均匀，衔接要自然。

二、观察方法

初学素描者经常会提出疑问，为什么自己能看出来物体是怎么回事，但却画不出来呢？这样的问题貌似合理，实则不然。因为任何人都是怎样看的就怎样画的，而之所以画不出来正是因为看的不对，即不理解物体到底是怎么回事，所以看不出，更画不出。

看到山就是山，看到水就是水，那是因为还体会不到山水之中的"禅理"，看不出来，画不出来，那是因为体会不到景物之中的"画理"。

任何景物都是充满了各种造型因素的形体，这个形体存在的各种形体结构关系以及各种比例关系和透视关系，是一个存在着大量造型因素的综合体。这些因素之间存在着重重的联系和差别，即使一个简单的水果也是一个由诸多因素组成的造型。

了解了这些信息，就要学会处理这些信息，而处理的根本手段就是对这些信息进行综合判断和归纳理顺，然后进行相互联系、相互比较，使所有的因素都能够进行全面的、完备的联系比较，这样就是"整体观察"的基本方法。

怎样才算是"全面的、完备的联系比较"呢？其实世界上不可能存在最全面、最完备的联系比较，因为素描作为一种人的认知活动，永远不可能达到绝对的"全面、完备"，但是任何人都可以通过理性的分析判断而达到相对的完备，也就是说不论谁都不可能做到完全意义上的"整体观察"，却可以通过努力掌握相对的"整体观察"的技能。在这个通向"全面、完备"的阶段，需要努力学会对造型的各种因素进行联系比较，从而逐步培养自己"整体观察"的观察能力。

需要观察的因素主要指的是"素描关系"，如大小、高低、长宽、曲直、深浅、亮暗、凹凸等，"整体观察"就是把这些因素进行全面综合的比较。例如大小，就是观察各种造型因素之间的具体的大小比例，大的部分比小的部分大多少，大的部分是小的部分的具体多少倍，依此类推，这些因素比较得越多越好。例如画一个褶皱，联系和比较的观察方法就是能够判断褶曲长宽、各岩层厚度，它们之间的相互距离，以及它们与外轮的高低长短比例等。

进行整体观察至少应该注意一下三条线：第一条是水平线，第二条是垂直线，第三条是延长线。例如在画变质岩中的眼球状构造时，至少应该给它作以上三条线，这样才能看出该构造与上面的哪个位置处在同一条垂直线上，与水平方向的哪个位置同处一个高度。再以眼球构造的夹角处作延长线，观察其能与哪个位置相交。同时还要把该构造的长度或者宽度与其周围的其他因素进行比较。经过反复的比较，使该构造所在的位置与周围的位置比例关系更加准确。这样画出来的眼球状构造才是与其他因素相互联系的，画出来的景象才有整体感。

进行整体观察的另一个重要方法是测量比例，任何两个造型因素之间都应该进行比较，不论它们是否存在直接的联系。例如画断层，就需要用断层的断距和断层角砾岩的宽度首先进行比较测量，看他们之间的具体比例关系是多少，这是直接联系的造型因素之间的比例关系。仅仅这样比较还不够，还应该把断层的断距与其他因素进行比较，例如两侧岩层的厚度、树木高度等。这些因素与断层虽然只有间接的联系，但也要把它们反复比较，而且这样的比较越多越好，比较得越多，观察就越全面，观察比较的因素越多，就意味着物体的各种造型因素之间的联系越准确，也就越接近"完备而全面"的观察。

很多比例关系可以通过直觉感受到，同样两个相同大小的物体，观察的角度不一样，它们之间的相对大小关系也会发生变化。如果正视两个球，它们应该是一样大小的，如果侧视，由于透视的原因，前面的球会比后面的球稍大。这种大一点的感觉很难用语言描述清楚，但是可以通过直觉感觉到。在观察的过程中要充分发挥这种直觉感受能力，在不能够明确的地方就应该进行直接测量或作辅助线然后测量。

以上所说的就是整体观察的基本原理。这些方法都是熟能生巧的，作为提高造型能力的手段，需要把它们熟练运用到成为习惯、化为本能。如果熟练到这样的程度，那么很多比例关系凭感觉观察就可以了，只有在凭感觉没有把握的时候，再进行测量观察。

三、透视法基本原理

透视即物象在平面上的投影。所谓投影，即假设素描者与实物间有一透明的垂直平面，实物轮廓线上所有点与素描者眼睛的连线，在假设垂直平面上相交，这些交点就是实物在平面上的投影点。如果这个假设平面是画纸，那么，这些投影在平面上的交点的连线就是我们所要画的物象(图2-1)。

通过透视，实际物象反映在平面上就给人以高低、远近、大小等的立体感觉。

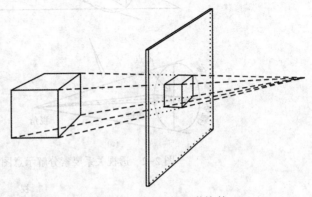

图2-1　透视原理示意图(据蓝淇锋等，1977)

景物、画面及素描者之间存在什么关系？当我们固定一个方向观察景物时，如果把所见到的景物范围圈定出来，则它是一个从眼睛这个视点开始，呈60°角向前扩展的圆锥体，这个圆锥体称为视锥，视锥的顶角就是视角[图2-2(a)]，视线距离越大时，视域(视圈)也越大，一般来说，视角37°域范围内的景物最清楚。视点正前方过视圈中心的心点的连线为视心线(又称视轴)，过心点的垂直线为视中线，而过心点的水平线就是通常所说的视平线[图2-2(b)]。画面(即透视面)是平行视圈的平面，放置物体的水平面为基面，基面与透视面得交线为基线，基线即画纸的底边线[图2-2(c)]，基线与视平线的距离是随视点的高低变化而变化的。视点低(仰视时)视平线也低，视点高(俯视时)视平线也高。

在视域范围内，由于物象与视平线、视中线之间位置的变化，而有仰视、俯视、平视、侧视、正视之分，即视平线以下的景物成为俯视，视平线以上的景物成为仰视，离开视中线的景物都是侧视，在心点部位的为正视，在视平线的为平视(图2-3)。实际上，野外素描常常包括的范围很广，因此，同一素描图中往往既有平视，也有俯视或仰视。我们通常说某张素描图是俯视角度，一般是指所描绘的主体而言。如图2-4所示，就整个图来说是俯视，但对于射灯D′则为仰视。这些关系在素描前都是必须弄清楚的，否则便很难使人了解素描者所在的位置。

野外观察时，景物最清楚的视域是37°视角时的视圈范围，这时视点与物象的距离为物象高度的一倍半(蓝淇锋等，1977)，依据这一原理，素描对象与素描者之间的距离最好等

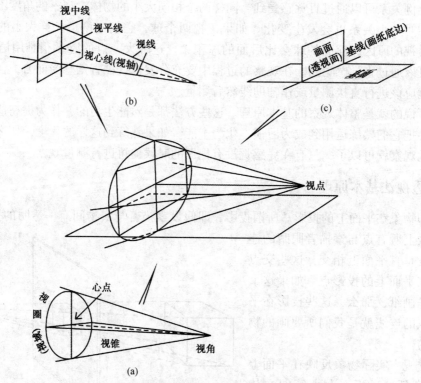

图 2-2　透视关系要素分解示意图(据蓝淇锋等，1977)

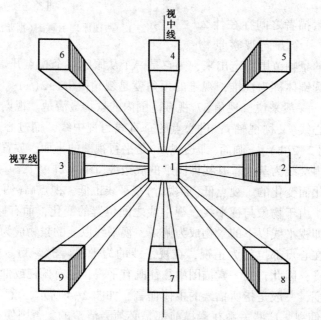

图 2-3　仰视、俯视、平视、侧视、正视示意图
平视：1—正平视；2—右侧平视；3—左侧平视；
仰视：4—正仰视；5—右侧仰视；6—左侧仰视；俯视：7—正俯视；8—右侧俯视；9—左侧俯视

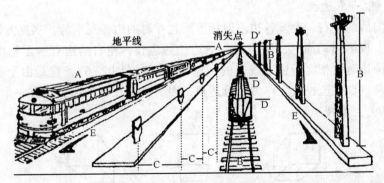

图 2-4　日常生活中的透视现象(据蓝淇锋等, 1977)

于物象高度(或宽度)的二倍, 但是在野外素描时, 受地形、地物的多种因素的影响, 在景象看得清楚的前提下, 素描距离和角度可以灵活选择, 以方便素描为最好。如果需要表现广阔、连续的地质景象, 可以采取转动位置、变化方向等方法, 将多个视圈内的景象拼接一起(图 2-5)。

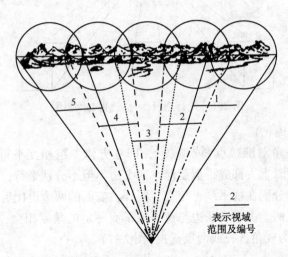

2
表示视域
范围及编号

图 2-5　广幅素描时几个视域景物的连接(据蓝淇锋等, 1977)

四、透视的主要类型

同一景象, 当我们从不同的角度观察绘制素描图时, 画面上表现出来的景物的形态会存在差异, 这种差异由素描者所处的位置与素描景象之间的位置关系所决定, 具体而言就是透视类型决定了所描绘景物的特征。

透视类型较多, 如焦点透视、空气透视、散点透视。地质素描主要用于表现景象因距离不同而产生的形状、大小、清晰度及色彩饱和度等方面的变化, 属于焦点透视和空气透视的研究内容。

焦点透视可进一步分为平行透视、成交透视和倾斜透视, 下面以常见的立方体为例简要说明如下。

1. 平行透视(一点透视)

立方体的前后、左右、上下各边不但相等而且互对的边相互平行,当立方体的某一个面与画面平行时,投影到画面上,则表现为前边比后边长,左右两边有一定角度向视平线收拢,当延长这两边时则相交于视平线上的一点(消失点)(图2-6),这是由于透视的远近关系形成的,这种现象在透视法上称为平行透视,因为它们在视平线上只有一个交点(一个消失点),又称为一点透视。

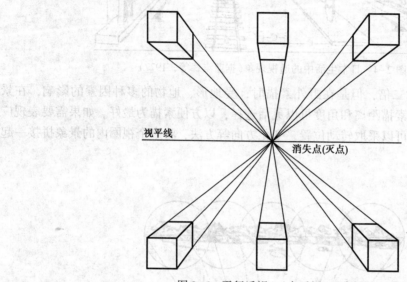

图2-6 平行透视(一点透视)示意图

2. 成角透视(两点透视)

如果把立方体的一角对准视点(或斜放),即立方体一组相互平行的边与画面平行时,则立方体的三个可见面看上去都成了似菱形,四个边不但不分别平行,也不相等。本来分别平行的各对边的延长线分别在视平线上相交,同样,前面的两边也比后面的两边大,这也同样是由于远近关系形成的。由于各条边与视平线都有一定的角度相交,而且有两个交点(两个消失点),因此称它为成角透视或两点透视(图2-7)。

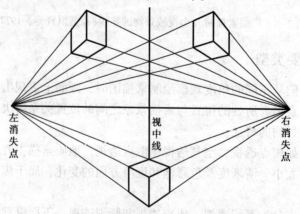

图2-7 成角透视(两点透视)示意图(据蓝淇锋等,1977)

3. 倾斜透视(三点透视)

另一种是前后两边高度不同的方块,或者立方体的任何一个面或者任何一条边都不与画面平行,投影于画面时,其上下延线的交点不落在视平线上,具有三个消失点(图 2-8),这在透视学中称为倾斜透视。倾斜透视富有变化,立体感强。

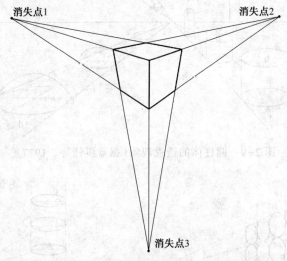

图 2-8 倾斜透视(三点透视)示意图

这三种变化基本上反映了一般物象投影到画面时的变化,其中,以前两种最常用,根据前两种透视变化,实际物象反映到画面上有如下规律。

(1) 大小相同的物体,近的大、远的小(图 2-4A)。

(2) 等长的线条,近的长、远的短(图 2-4B)。

(3) 点与点的间隔相等时,近的宽、远的窄、最远时重叠(图 2-4C)。

(4) 高度相等的物体,在视平线以上位置时,越近越靠近画面的上边,越远越靠近视平线(图 2-4D′);在视平线以下位置时,越近越接近基线(在画面的下方),越远越接近视平线(图 2-4D)。

(5) 线列的位置,在视中线左方的,渐远渐偏右,而且只能看到右侧;在右方的,渐远渐偏左,只能看到左侧面(图 2-4E);

(6) 在视平线以上的直立圆柱体,只见其底面,不见其顶面(图 2-9a),在视平线以下则相反(图 2-9b);视平线横过圆柱体时,上下两个面都看不到(图 2-9c);圆柱或半球体的底边,越近则弧度越大,越远弧度越小,离视平线越远,弧度越大,离视平线越近,弧度越小(图 2-10),在视平线上则为直线(图 2-9d);透视画面的前半圆大于后半圆(图 2-10)。

(7) 立方体任何一个面的中心点与心点重叠时,只能看到一个面,而视平线或视中线通过立方体任何一个面的中间时,只能看到两个面,除此之外都可看到三个面(图 2-3)。

看到三个面的角度是表现物体立体感效果的最好角度。

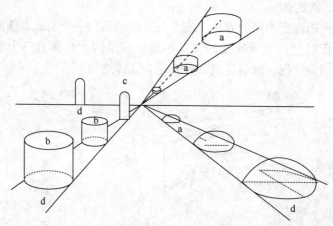

图 2-9　圆柱体的透视现象（据蓝淇锋等，1977）

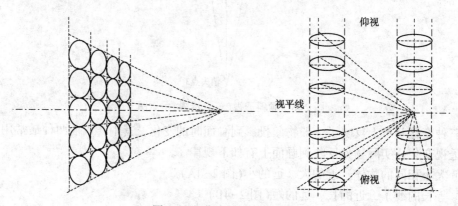

图 2-10　曲线透视的基本原理

五、透视法则的应用

野外地质现象的变化，比理论上的基本概念复杂的多，根据前人地质素描实践经验，景物反映到画面上有如下变化。

1. 近高远底

景物近高远低的变化，主要表现在高度空间方面。等高的景物看上去总是表现为近的高、远的矮。野外绘制等高的景物时尤其要注意。

当我们站在海边向远处眺望时，海洋的尽头有一条天、水相连的水平线（严格地说，这条线是地球曲面的一段），这条水平线相当于透视学中所说的视平线，对那些行驶在海面上的远近不同的渔帆，如果将其吃水线和桅杆顶点分别连接起来，这两条线的延伸线将在视平线上相交（图 2-11），这个交点即透视学中的"消失点"，或称"灭点"。一列渔帆，近的大、远的小，近的高、远的低。

在田野里劳作的人们，也表现出近的高大、远的矮小的现象，最终消失在田野与天空的交线（地平线）上（图 2-12）。

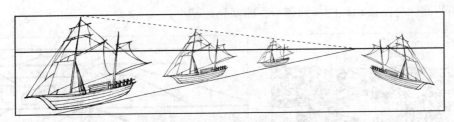

图 2-11　帆船显示的近高远低现象(据蓝淇锋等，1977)

图 2-12　照片中劳作的人们显示的近高远低的现象(据 image. baidu. com)

2. 近大远小

近大远小主要体现在景物体态大小方面(图 2-12)。田间劳作的人们，不仅表现出近高远低的现象，同样表现出近大远小的特征。在绘制玄武岩的柱状节理等地质现象时要特别注意，景物表现出的近大远小的特征。

在强烈切割、地形破碎、悬崖陡壁及阶地相间出现的地区，悬崖(陡壁)的竖面及阶地的平面面积大小不一，同时由于切割不规则，这些面常互相遮挡，显露不全(图 2-13)。素描时除正确地画出它们相互遮挡的关系外，还应根据透视一般法则中提到的相同面积的物体近大远小的概念，从所需描绘的地景中找出几块面积相当的面作为整个画面的控制面(图 2-13)。这些面也必须符合近大远小的法则，这样地景的远近关系才能表现出来。

3. 近宽远窄

由于远近不同，透视时引起宽窄变化最明显的是地景中的平面，如河面、阶地面、平顶山的顶面、沉积岩厚度等。

等宽的公路，因距离变化，公路两边的连线至远方由宽变窄，最后在视频线(地平线)上汇聚成一点(图 2-14)。

图 2-15 以较大的俯视角度观察公路，不但看到了公路近宽远窄的变化，而且看到了整

段公路的弯曲，公路摆动范围越远越窄，曲度越远越小。

　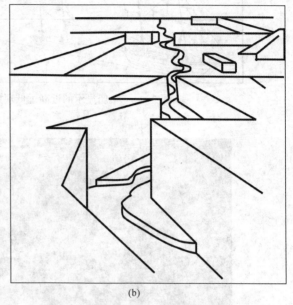

(a)　　　　　　　　　　　(b)

图 2-13　河曲及两侧峰林显示的近大远小现象

(a)据蓝淇锋等(1977)；(b)为据(a)绘制的块面分割图

图 2-14　平直公路显示的近宽远窄的现象　　图 2-15　弯曲公路显示的近宽远窄及曲度

（据 image. baidu. com）　　　　　　　　变化现象(据视觉中国 www. vcg. com)

　　在大的俯视角度下绘制曲流河时，要特别注意河面及阶地面近宽远窄的变化和曲流河近处曲度大，远处曲度小的变化（图 2-16）。水平岩层剥蚀形成的平台状山梁，当山梁的宽度大致相同时，则绘制的素描图也表现出近宽远窄的现象[图 2-17(a)]，如果绘制成等宽的，则地景就被歪曲了[图 2-17(b)]。

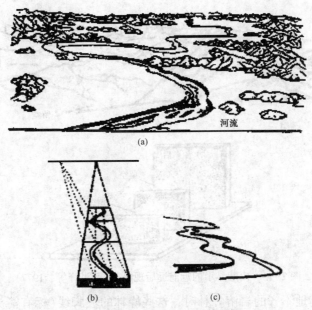

图 2-16　河流显示的近宽远窄现象(据蓝淇锋等，1977)

图 2-17　平台状山梁显示的近宽远窄现象(据蓝淇锋等，1977)

4. 近前远后

在丛林峻岭之中，地景的大小、高低、宽窄的透视变化不明显时，如何表现景物的前后位置变化的关系呢？从前述景物、透视面及素描者的关系知道，这三者是前后关系，投影到画面则近者在前，远者在后，前景挡后景(图 2-18)，绝不应把后景轮廓线条插到前景中去，形成前后交叉。

在前后山岭间隔不一致的情况下，素描时除应注意遮挡关系外，还应根据间隔距离的不同，留出一定的空白；间隔距离不大，后景的线条可尽量靠近前景，间隔大时，前后之间要留空白，间距越大，留空越多(图 2-18)，这样远近层次的感觉就比较真实。

5. 近下远上

根据透视法则，在视平面以下的物体，越远越接近视平线，最后与视平线重叠，也可以说，在地平线以下的景物(俯视)越近越靠近基线(即画面底边线)，越远越接近地平线。在

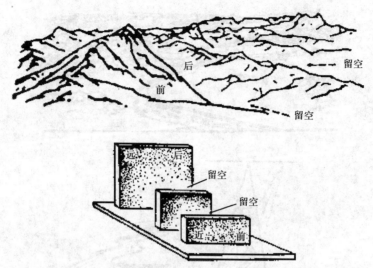

图 2-18　山脉显示的近前远后现象(据蓝淇锋等，1977)

观察散落在平原上高地不齐的岩溶峰林时，这些峰林的坡脚线(标有箭头)，越远越靠近地平线(图 2-19)，海湾近处的残留岩柱及远近丘陵也是一样(图 2-20)，与海水平面的接触线也是近下远上。素描时可根据坡脚线的上、下位置变化来表示景物的远近关系。但当表示地平线以上的景物时则相反，为近上远下，越近的物体越靠近画面的上方，越远的物体越靠近视平线(下方)，如溶洞中的顶板(图 2-21)。

图 2-19　近处与远处丘陵显示的近下远上现象(据蓝淇锋等，1977)

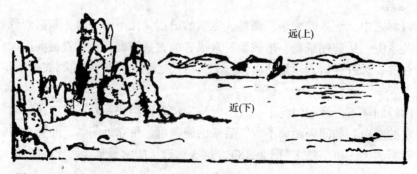

图 2-20　海岸残留岩柱与远处丘陵显示的近下远上现象(据蓝淇锋等，1977)

图 2-21 溶洞的顶板显示的近上远下现象(据 image.baidu.com)

6. 近清远朦

由于距离不同，空气透明度不同，以及人的视力等原因，近的物象明晰清楚，细部变化可以分辨，远的物象模糊，细部难以分辨，只见轮廓(图 2-22)。素描时根据这些视力习惯，可采用近处以粗线条描绘其细部特征、远处以简单的线条勾画轮廓，景物之间留白，以显示景物之间的虚实与层次关系(图 2-23)。

图 2-22 群山显示的近清远朦现象(据蓝淇锋等，1977)

图 2-23 近景精描，远景简描(据蓝淇锋等，1977)

7. 近弯远直

由于景物远近不同而使素描者感到坡脚弧度变化，最明显的是俯视时出现于平原地区的残丘、火山锥、沙丘、洪积扇等地貌形态。以侵蚀残丘为例，越远的，坡脚弧度越小，近地平线时几乎就是一条水平线；越近的，其弧度越大（图2-24中标有箭头的部位），这与图2-25中的圆柱底边弧度变化是一致的。图2-26水平岩层露头线及岛屿岸线也同样表现出越近的弧度越大的特点，对弧度变化来说，这就是近弯远直的一般概念。

图2-24 河曲显示的近弯远直现象
（据蓝淇锋等，1977）

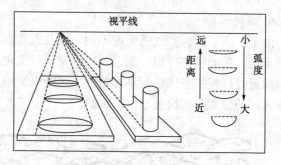

图2-25 圆柱体弧形边显示的近弯远直现象（据蓝淇锋等，1977）

图2-26 水平岩层露头线及岛弧岸线显示的近弯远直现象（据蓝淇锋等，1977）

六、不同仰俯角度地景的变化

同一景物，由于观察角度的变化，所看到的面是不同的，虽然我们只能看到景物的一个或两个面，但往往可以根据观察的面的特征而联想到其他的面，如果能将这种感觉绘制在画面上，就能给人以立体感。如一个立方体在视平线及视中线构成的象限范围内，不同的位置，可见面的数量不同，出现的面也不同(图2-3)。同一景象从不同方向、角度观察，景物的显露面也有变化(图2-27)，单一的景象是这样，复杂的景象也同样，面的变化最复杂，就规模来说，大的如强烈切割、沟谷发育的山地，小的如破碎砂岩沿层面及裂隙面剥落形成的露头(图2-28~图2-30)。这样的地区，骤然一看，似乎很复杂，但当我们对所有的面做一个大体归纳之后，无非是正向的面、侧向的面、底面、顶面。这些面就是图2-3中标示的几组面，即侧视、正视、平视、仰视、俯视时所看到的面。图2-28为背斜一翼岩石多层剥离的现象，由于视点在相向裂隙剥离面之间，对裂隙面而言(虚线所指者)为左侧视及右侧视，因此同时可以看到左、右两侧裂隙面。对层面而言为正视，只能借助裂隙面的顶、底边的弧形边线的变化构成面(A)的联想，由此即便是画面只表现了背斜的一翼，由于面的处理合乎透视基本法则，透过画面也可以使人想到背斜构造的另一翼。图2-29同样没有直接画出背斜的连续层理变化，但是通过表现剥离后显露的轴部曲面及两侧翼部岩层相向的裂隙剥开面，也使人联想到两者之间的联系。在透视法则中，水平基面上大小相等的物体投影到画面时，近大远小、近宽远窄，变化大则感觉深远。基面向视点倾斜时，变化则小，灭点也不落在视平线上。

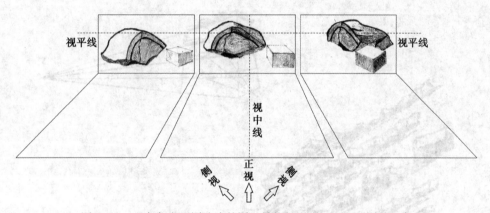

图2-27　观察角度不同造成的同一景物投影到画面上不同的现象

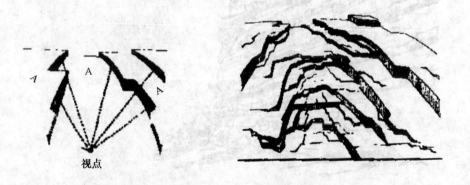

图2-28　正视角度绘制的褶皱一翼多层剥离现象(据蓝淇锋等，1977)

图 2-29　正视角度绘制的倾俯褶皱(据蓝淇锋等，1977)

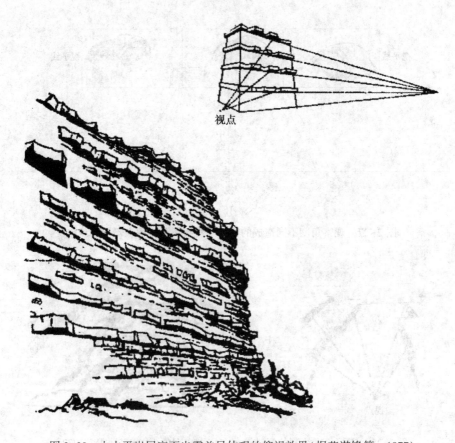

图 2-30　由水平岩层底面出露差异体现的仰视效果(据蓝淇锋等，1977)

当站于水平砂岩构成的峭壁下(图2-30)，观察其中由于差异风化而突出的厚层砂岩石时，下部靠近视平线的厚层砂岩，只能看到垂直层面的裂隙剥开面，往上仰视的角度越大，所见到的底层面也越明显(虚线所指)。但有些地景(如图2-31中仰视的石柱)，即便是仰视，底面也不可能显露，这类地景只能借助某些远景被遮挡不完全出露或景物局部后仰来达到联想效果。俯视则相反，顶面一定显露，俯视角度越大，顶面看得越全。

图2-31　石柱下部被遮挡形成的仰视效果(据全景网 www.quanjing.com)

第三章　地质素描中的块面

一、地景形体与几何图形

地质素描往往离不开地形的形态描绘，而地形形态本身就是地质作用过程的反应，因此地质素描内容中很重要的一部分就是地形形态的素描。

地形形态变化比较复杂，素描只有抓住他的形体特点，才能准确地描绘地形变化的轮廓。掌握地形形体特点的最好方法就是对地形的几何形状做出大致的分析和比较（图 3-1、图 3-2）。

图 3-1　常见地景与几何立体图形对比图（据蓝淇锋等，1977）

几何立体是我们日常生活中经常接触的最简单的形变物体，是一切造型的基础。它的特点是形态变化简单，给人印象深，易于描绘，立体感强。因而用它来比较，有助于加速初学者掌握素描的技能。

对地形的几何形态进行分析比较，可以帮助我们掌握地形变化的基本轮廓，把握住最能表现出立体感的几个面，控制比例，使素描落笔之前心中有数，但不能机械地套用，以免素描呆板、失真。

图 3-2　常见地景与几何立体图形对比图(据蓝淇锋等，1977)

在运用几何形态这一剖析素描的方法时，必须明确：地形的外貌不是简单的几何体的组合，而是反映了某一现象中内因和外因矛盾斗争的，应尽量做到表现本来面貌。

二、地景形体变化的五大面

判别一幅地质素描图画的好坏，首先是看它能否说明地质问题，其次是画的是否形象、直观。前者是构思问题，后者是绘画技巧问题。

要使素描真实而形象地发映出客观现实，必须处理好两大关系，即空间位置变化关系(透视关系)和景物起伏变化关系。前者主要是运用透视法则来解决，后者主要运用块面分析来解决。

所谓块面，也就是素描所能表现出的基本单位是由哪几种形态的面所组成的。野外一般是沿着他的自然分割面去寻找。划分"基本单位"的规模大小，可视素描内容的需要而定，如图 3-3 中各种地景块面的分解，是从控制所要表现的景物轮廓来考虑的，主要是反映景物变化较大单元的面的性质(平面、斜面、弧形面等)。但一幅素描图,往往为了突出某一地质内容而需要更详细地表现一些细小的起伏变化。如图3-3(a),是由砾岩组成的鳍状山脊,图3-3(c)为单斜岩层的产状,图3-3(d)为层面上的波痕等,这就需要在大的块面的基础上进一步划分小的块面,才能形象地表现客观地质体。如图3-4在大的块面变化确定以

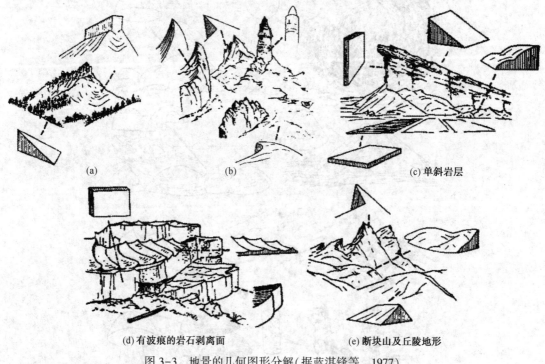

(a)   (b)   (c) 单斜岩层

(d)有波痕的岩石剥离面   (e) 断块山及丘陵地形

图 3-3　地景的几何图形分解(据蓝淇锋等,1977)

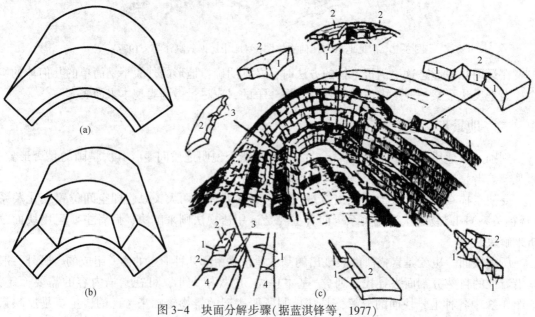

(a)

(b)   (c)

图 3-4　块面分解步骤(据蓝淇锋等,1977)

后，逐渐从大到小依次分割其块面，这样不但复杂的景象变成了比较简单的块面组合，而且分割得越细，真实感越强。图3-4(a)，即第一步分割，基本反映了由弧形面组成的背斜构造；第二步分割表现了背斜轴部风化剥蚀岩层的缺失[图3-4(b)]；第三步分割反映层状岩石的层理及裂隙面，初步给人以砂岩构成的质的感觉，同时也有层理厚薄变化的量的感觉[图3-4(c)]。在划分出来同样性质的面之间只有大小形状的差别，没有性质的差别。那么野外复杂的地景中究竟是有哪几种面组成的呢？由图3-1~图3-3来看，大体上是有直立的竖面、水平的平面、倾斜的斜面、波状起伏的波状面、凸出或凹下的弧形面等五种面(图3-5)组成，即我们在地景变化上所惯称的"五大面"。

图3-5　地景块面分解中常用的五大面(据蓝淇锋等，1977)

　　"五大面"是最简单的面，从素描方便、容易掌握的角度出发，主要需要注意这五种面的变化，掌握表现它们的基本技巧，多多实践，遇到各种地质体，就能化繁为简，运用自如。

第四章 地质素描中的线条

块面分割是绘制地质素描的第一步，而块面边界及同一块面内细节则要用不同类型的线条表示，因此线条的使用是影响素描图真实性及立体感的主要因素之一。

一、线条的分类

根据地质素描中各种线条在画面上所起的作用，一般可分为三种。

1. 轮廓线条

用于圈定景象成型轮廓的线，它概括了物象外形的特点，相当于逆光照片中物象边缘的线条(图4-1)。

2. 块面分割线条

表现素描对象表面起伏变化的线(图4-2)。是景象主体造型的辅助线条，主要作用是反映描绘对象的次级形态变化及各个分割面的性质(即竖面、平面、斜面、波状面、弧形面)。这种线条对表现物体的质感起很大作用。

图4-1 轮廓线条(据蓝淇锋等，1977)

所谓的质感，即通过素描所表现的组成物体的质料，如坚石、软泥、流水、草木等。不同岩石组成的地景，块面起伏变化不同，因此，素描要能较逼真地表现质感，只有抓住不同块面组合的特点，运用不同的笔法技巧，才能达到预期的效果。

3. 阴影线条

是用于反映景物明暗差别的线条，以增强素描的立体感效果，也可以帮助表现景象背光部分表面的起伏变化(图4-3)，但一般描绘远景时应尽量少用或不用(图4-4)。

图 4-2　块面分割线条(据蓝淇锋等，1977)

图 4-3　阴影线条(据蓝淇锋等，1977)

图 4-4　成图(据蓝淇锋等，1977)

二、线条的运用

根据第三章中述及的"五大面"，地质素描时可运用水平线、直立线、斜线、弧形线和曲线五种线条来表现这五种面，这五种线条是素描的基本线条，一般多用在表现背光的阴影部分。运用的基本原则是五种线和五种面对应使用（图4-5）。即波状面用曲线，斜面用斜线，竖面用直立线，平面用水平线，弧形面用弧形线，线条的走向与面的起伏变化一致，也就是"线随面走，面变线也变"。掌握了这个基本法则，物象的主要分割面的性质和基本外形起伏变化就反映出来了。

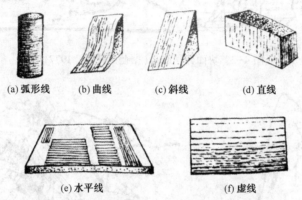

(a) 弧形线　　(b) 曲线　　(c) 斜线　　(d) 直线

(e) 水平线　　　　　(f) 虚线

图4-5　线条与面的变化关系（据蓝淇锋等，1977）

但是，由于地质素描的对象变化比较复杂，尤其作近景及特征素描时，简单地对应使用这五种线，要反映素描对象的结构或外形特征，往往比较呆板、单调。因此野外素描时在运用上述法则的基础上，常以点线、折线、曲线、丁形线、小片全涂、平行直线等六种辅助线条交叉使用，或使用其中某一种作为主要线条，以表现不同类型的景物（图4-6）。

(a) 用折线表现坚硬的岩石

(b) 用丁形线表现风化面凹凸不平的岩石

图4-6　不同线条表现出的景物的差异（据蓝淇锋等，1977）

1. 点的应用

一些松散破碎物或粗糙的质感常用点表示，用点的疏密变化可以生动地表现地质体的立体感(图4-7~图4-11)。

图 4-7　甘肃敦煌鸣沙山月牙泉(据蓝淇锋等，1977)

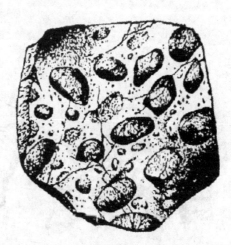

图 4-8　钙质砂岩沿垂直节理风化成
葫芦状地形(据蓝淇锋等，1977)

图 4-9　粉砂岩组成的砾石(据蓝淇锋等，1977)

图4-10 海浪侵蚀形成的花岗岩蘑菇石
（据蓝淇锋等，1977）

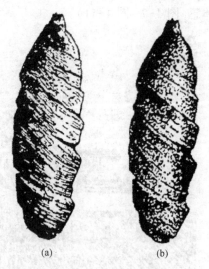

(a)　　　　　(b)

图4-11 火山弹（据蓝淇锋等，1977）

2. 折线的应用

折线常用来表示棱角清楚的坚硬岩性和未经磨圆的破碎块石等。坚硬的层状岩石砂岩、板岩、硅质岩等，他们的表面往往沿裂隙崩解形成棱脊，显得非常尖利，宜多用折角明快的线条（图4-12~图4-14）。

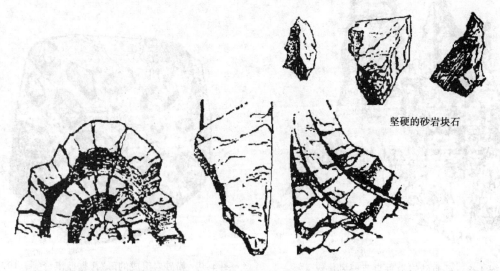

坚硬的砂岩块石

图4-12 用折线表示坚硬岩石的褶皱（据蓝淇锋等，1977）

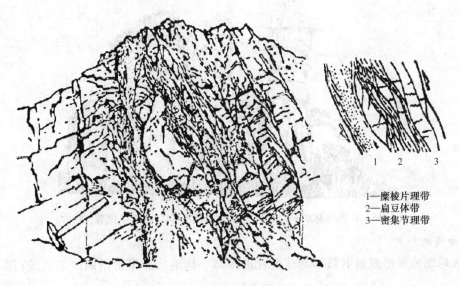

1—糜棱片理带
2—扁豆体带
3—密集节理带

图 4-13　挤压破碎带(据蓝淇锋等，1977)

图 4-14　岩溶峰林(据蓝淇锋等，1977)

3. 丁形线的应用

通常用于风化凹凸不平的岩石(图 4-15)。

图 4-15　广西桂林水平的石灰岩形成的岩溶石峰(据蓝淇锋等，1977)

4. 曲线的应用

外表轮廓成弧形或具有弧形起伏变化的形体、构造形态等常用曲线来描绘(图 4-16~图 4-21)。

图 4-16　用曲线表示外貌圆滑的地形(据蓝淇锋等，1977)

图 4-17　花岗岩球状风化(据蓝淇锋等，1977)

图 4-18　熔岩石林(据蓝淇锋等，1977)

图 4-19　山坡(据蓝淇锋等，1977)

图 4-20　海底喷发的玄武岩枕状构造(据蓝淇锋等，1977)　图 4-21　花岗岩球状风化(据蓝淇锋等，1977)

5．小片全涂(阴影线)

为了突出地质内容，对一些天然色泽较深的岩层或岩体可有意加重涂黑，或用较密的线条使某一层位更清楚(图 4-22~图 4-31)。

图 4-22　用小片全涂表现尖棱明显的地形(据蓝淇锋等，1977)

图 4-23　安徽黄山由黄山花岗岩形成的玉屏峰(据蓝淇锋等，1977)

图 4-24　新疆准噶尔盆地乌尔禾砂岩风蚀现象(据蓝淇锋等，1977)

图 4-25　长江崆岭峡(据蓝淇锋等，1977)

由二叠纪至震旦纪石灰岩组成，江心石梁为前震旦纪变质岩

集仙峰

SE170°

图 4-26　四川巫山背斜南东翼(由中生代石灰岩组成)(据蓝淇锋等，1977)

图 4-27　甘肃阿克塞县后塘被山下古生界基性熔岩枕状构造(据蓝淇锋等，1977)

图 4-28　黑龙江"五大连池"老黑山前的绳状构造熔岩(据蓝淇锋等，1977)

图 4-29　黄河三门峡(据蓝淇锋等，1977)

图 4-30　云南路南石林的溶蚀面(据蓝淇锋等，1977)

图 4-31　广东丹霞盆地姐妹山第三系砂岩(据蓝淇锋等，1977)

6. 直线的应用

用疏密变化的水平直线表示火山口及周围变化不大的地形，用流畅的直线勾划出砂岩形成的石柱形态(图 4-32、图 4-33)。

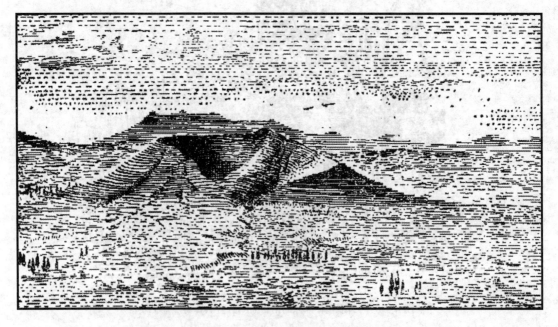

图 4-32　山西大同一个火山口的地貌(据蓝淇锋等，1977)

图4-33　江西弋阳红色砂岩形成的石柱(据蓝淇锋等，1977)

　　"线条随面走，面变线也变"，就能较好地反映景物形态的变化。图4-34运用了较多的线条，图4-35运用的线条较少，却具有同样的效果。具体运用中，一定要注意线条疏密的分配，避免单调和呆板。

图4-34　岩溶峰林地形(据蓝淇锋等，1977)

图 4-35　泥林(据蓝淇锋等，1977)

(云南元谋更新世冲积物经冲刷形成)

三、不同线条所起的效果

描绘同一景物可以运用不同的线条，表现不一样的效果。图 4-36 是以三种不同线条和技法描绘的花岗岩风化的块石。

(a)　　　　　　　　　　(b)　　　　　　　　　　(c)

图 4-36　用三种不同线条的效果比较(据蓝淇锋等，1977)

图 4-35(a)用的是白描法。这种方法，只需画轮廓线及主要的块面分割线，线条简单明晰，立体感较差。由于线条不多，画起来快速简便，适于野外记录地质体的总体轮廓。

图 4-35(b)用的是线条阴影法。它以较多的线条表现明暗变化，具有一定的立体感，但画面比较复杂，适于表现块面变化较大的地质体。

图 4-35(c)用的是点线阴影法。它有很强的立体感，画面精细又富有变化，但画起来较慢，适于描绘物象的细小特征，一般多用于室内整理或作书刊的插图。

对不同岩石构成的同一景物，也常用不同的线条，如古近纪钙质砂砾岩不整合于泥盆纪变质砂岩之上的露头素描(图 4-37)，上部岩石沿水平层理风化后产生许多并列的溶蚀孔穴，形态不规则。图中运用了点线、曲线和小片全涂等辅助线条，以不规则自然形态排列，下部左倾砂岩，由于坚硬而裂隙剥开面之间棱脊明显，运用了较多的折线及小片全涂线条。因此，上、下不同岩性形成了强烈对比，明显地表现出了两种不同岩石的质感。由此可见，线条不同，效果也不同，使用时可根据不同对象、不同目的和不同条件灵活掌握。

图4-37 古近纪钙质砂砾岩不整合于泥盆纪变质砂岩之上(据蓝淇锋等，1977)

四、线条运用中常出现的问题

线条的运用，需要在实践中不断探索，经验多了，运用便会熟练，但必须大胆，不能缩手缩脚，以免造成生滞呆板。线条运用不当，就会使素描失去真实感，甚至把坚石画成草垛，把山岭画成树根。初学素描，往往出现的几种问题如图4-38第一列所示，如能注意是可以避免的。

不恰当的	恰当的	表现对象	不恰当原因
		山地	阴影块面表现不当，线条呆板单一
		单斜地形	阴影线条超出轮廓线，块面分割不清，线条运用不当

图4-38 初学素描一些常见不恰当与恰当的线条对比(汤润然据蓝淇锋等，1977修改)

不恰当的	恰当的	表现对象	不恰当原因
		花岗岩海岸发育的海蚀崖	线条不连续，轮廓模糊，没有坚石的质感
		岩溶石林	线条过于工整，缺少变化
		山间平原及阶地	线条杂乱、违反线条运用的基本原则

图 4-38 初学素描一些常见不恰当与恰当的线条对比(汤润然据蓝淇锋等，1977 修改)(续)

素描中运用线条，初学者也应以大胆流畅为好，一般来说，宜快不宜慢。一幅素描，在形成了块面划分的概念后，就要大胆落笔，以免呆板。至于如何做到落笔准确、线条配合得体，那就必须通过大量的实践，不断总结提高。

五、明暗面的表现

1. 明暗变化的基调

要使素描的景象具有立体感，除描绘轮廓要准确、符合透视原理外，明暗面的表现也很重要。就一般的感觉而言，明暗阴影法的立体感有较直观的效果，而白描法的立体感则较差。不管什么方法，都需要掌握和了解明暗面变化的大体情况，以便准确地表现景物的块面分割。

自然景物从受光面到背光面明暗变化比较复杂，深浅变化的调子很多，作为地质素描，一般主要了解和掌握当中基调就可以了。即物象接受光源的角度不同，受光的程度就有强弱的区别；受光的一面最强，为白色基调；背光的一面最弱，为深色(或黑色)基调；在受光和背光的过渡区，光线适中，为灰色基调(图 4-39)。根据这些深浅不同的基调，如何运用线条和涂影来反映，对于表现景象形态结构以及空间立体感都是十分重要的。

2. 明暗面的表现方法

表现自然景物的明暗面，一般常用两种方法，即线条和涂影。所谓线条表现明暗，就是

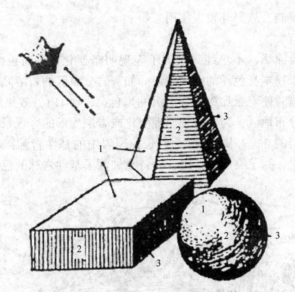

图 4-39　用线条表现的三种基调(杨秀标等，2012)
1—白色基调；2—灰色基调；3—深色基调；箭头表示光源方向

运用各种线条，以其笔划的粗细、排列的疏密等变化来表现明暗。通常的画法是：受光面往往不加线条，过渡区用稀疏、细小的线条，背光面用粗而密的线条。所谓涂影就是在背光的灰白或深色基调范围内涂上浓淡不同的色块，以表现明暗变化。涂影法一般常用铅笔、炭笔或毛笔作为工具，才能达到目的。

线条法明确、刚劲，能较充分地表现景象的块面结构，而涂影法柔和且较易表现较多的明暗层次，适合描绘浑圆或表面起伏不大的景象(图 4-40)。这两种方法，在地质素描中都可应用，但由于线条表现法使用的工具便于携带，成图复制方便，一般比较常用。

图 4-40 为铅笔涂影，表现古近纪丹霞群红色砂岩形成的葫芦状地形，由于这种涂影法表现层次清晰，富于变化，能够较真实地反映球状外形的地貌特点。但用此法绘成的图，不

图 4-40　甘肃北山花岗岩的风蚀蘑菇(据蓝淇锋等，1977)

如以线条表现的容易复制，故野外较少使用。

3. 特殊应用的例子

素描中运用线条及涂影，不单纯只是为了表现明暗变化，有时也为了突出某种地质要素，反映岩层或自然景物本身色泽的深浅浓淡。如灰岩分布区的岩溶峰林，往往比丘陵山地或平原的色泽深，素描时便着意加深了它深沉的黑色(图4-41)，效果就较逼真，又如颜色深浅相间的沉积岩层分布地区，为了表现层理变化或岩层变形的客观景象，也可使用粗密的线条或色块反映深色层的心态。图4-42为斜长花岗岩中的基性岩脉，由于基性岩比斜长花岗岩的颜色深，素描时，为了突出其形态，而特意加深了基性岩脉的色调。

图4-41　湖北巴东新家由二叠纪石灰岩形成的石林(据蓝淇锋等，1977)

图4-42　甘肃马鬃山北坡斜长花岗岩中的基性岩脉(据蓝淇锋等，1977)

第五章 陪衬物的取舍及安排

一、什么是陪衬物

作为地质素描,主要是描绘能说明问题的地质现象,此外均属无关紧要的景物。但在素描中如果完全不反映这些景物,往往会使主要素描对象的规模、环境不清,也不够真实;如视域所及,一概都画上去,则又造成喧宾夺主、画面庞杂。因此需要精心安排,有取有舍。除了画出主要素描对象外,还要选取有烘托作用的陪衬物加以描绘。所谓陪衬物,是指为突出主要素描对象,对加强质感、规模印象、环境气氛能起衬托作用的景物。一般常用的陪衬物有两类:一是被描述的地质体附近原有的景物,如树木、桥梁、村落等(在广幅及中幅素描中多有应用);二是为了说明地质体的规模,显示比例,有意安置的陪衬物,如地质锤、三角板、水壶、罗盘或人(在特征素描中常用)等。

二、陪衬物的作用

陪衬物在地质素描图中的作用,约有以下五个方面:①作为比例尺(图5-1);②说明地点(图5-2);③反映与地质相关的植被分布(图5-3);④表现与人类生产活动的关系(图5-4);⑤衬托环境,表现质感(图5-5)。

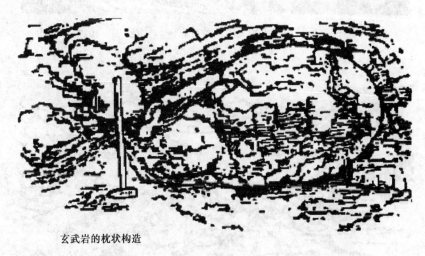

玄武岩的枕状构造

图5-1 作为比例尺(据蓝淇锋等,1977)

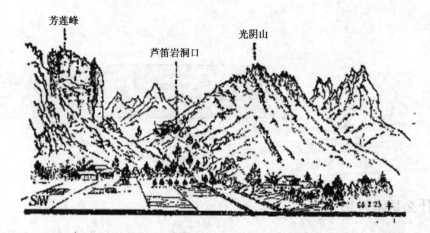

图 5-2　说明地点(据蓝淇锋等，1977)

图 5-3　反映与地质相关的植被分布(据蓝淇锋等，1977)

水库坝段的地质构造

图 5-4　表现与人类生产活动的关系(据蓝淇锋等，1977)

海相动物化石采集点

图 5-5 衬托环境(据蓝淇锋等，1977)

三、陪衬物的应用问题

作为地质素描的陪衬物，必须是人们常见的和容易画的物体，而且它的大小、长短也应是人们所熟悉的。入画时要注意其放置的位置，以不影响主要素描对象为原则，并尽量使其一物多用，鲜明、准确、真实。

图 5-6 列举了运用陪衬物不够妥帖的物种表现，初学者最常犯得错误是过分追求画面的完整、齐全，将许多与主题无关的景物都收入画纸，致使画面庞杂，喧宾夺主。

用陪衬物显示比例，固然可以增强直观感觉，但也有许多物象必须用绝对数值才能说明问题。在此情况下，就不要置放陪衬物了。

不恰当的	恰当的	表现对象	不恰当的原因
		风化残留的花岗岩柱	过分追求形式上的美观，喧宾夺主
		深切河谷	船只不符合远小近大的透视原理，且视角不合

图 5-6 使用陪衬物出现的一些不恰当问题(汤润然据蓝淇锋等，1977 修改)

不 恰 当 的	恰 当 的	表现对象	不恰当的原因
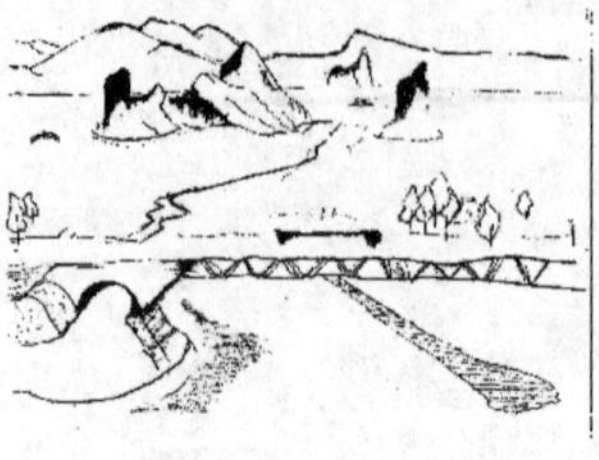		岩溶峰林	取用了多余的物象，使主题不能突出
		抽取地下水引起地面沉降与裂开	需要用绝对数值说明的现象，而用了其他物象对照，效果不好
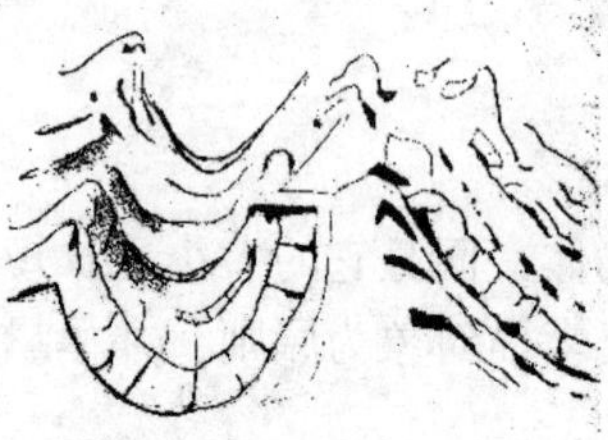	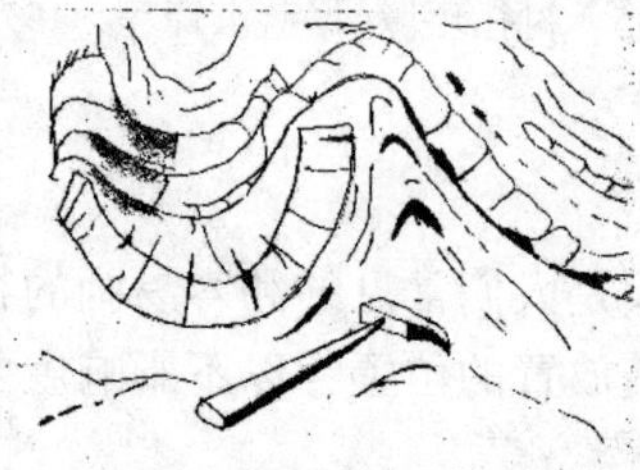	砂页岩形成的褶皱	没有标志陪衬物，地质现象的规模不明确

图 5-6　使用陪衬物出现的一些不恰当问题(汤润然据蓝淇锋等，1977 修改)(续)

第六章　取景及素描的几个步骤

一、取景

取景，简单说即确定素描的范围。至于怎样确定这个范围，则取决于画什么，画哪一部分。这就关系到主题的确定、素描位置的选择、景象的取舍和画面的安排等一系列问题。不同的调查研究目的，决定着不同的素描内容。取景，也就是选择对调查课题有意义的景物。其步骤大体如下。

1. 主题的确定

作为地质现象的地质素描，确定主题是非常重要的，它反映着素描作者对某一地质现象的认识程度，认识得越正确、越透彻，确定的素描主题也就越有说服力。至于素描技巧的熟练程度，则是表达能力的问题。

2. 素描位置的选择

主题确定，便应选取最有代表性的景象去画，画时又要注意选择观察角度。如果观察角度不当，不但不能全面反映客观存在的事实，有时还可能造成严重的错误。例如一个平卧褶曲，当垂直轴向的角度观察时，只能表现岩层"水平"的产状（图6-1），不能真实反映构造形态。同样，直立的岩层由于切割的不同，有时也造成"褶曲"的假象（图6-2）。

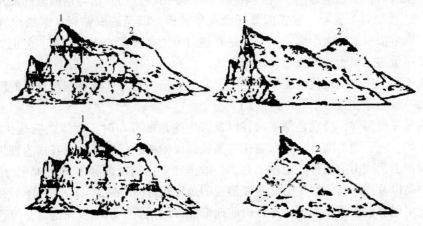

图 6-1　不同方向观察地形或构造所出现的差异（据蓝淇锋等，1977）

观察的角度，不但影响构造现象的客观反映，同时也影响景象立体感的表现。有实践经验的同志，往往有这样的感觉：同一地景，有的角度比较好画，立体感易于表现；有的角度就难画，立体感也不易表现。这是什么缘故呢？前面已经提过，易于表现物象立体感的角度是，当笔者能看到物象的三个面（或三面以上）时，即仰视、俯视、侧视时，立体感最易于表现，而当只能看到一个面（正视）或两个面（平侧视、正仰视或正俯视）时，立体感则较差，也就感到难画了。

图6-2　直立岩层由于天然切割造成的褶曲假象（据蓝淇锋等，1977）

选择素描位置有两个原则：第一，要能够全面反映想要表现的地质现象；第二能更形象地表现地质现象形体的变化。一般以侧视及俯视两个角度结合起来选择较为合适。在野外，因为调查目的的不同，同一种现象要说明的问题不同，加上野外某些条件的限制，位置的选择就必须灵活掌握。这里介绍几个实例，以供参考。

（1）褶曲构造素描位置图，最好选在天然剖面的垂直方向或大于45°的侧视角度。在地质构造形态显露清晰的情况下，可将素描位置选在褶曲轴的延伸方向[图6-3（a）]。天然剖面出露的现象清晰，给素描提供了有利条件，但往往由于其切开面与褶曲轴的夹角不同，有些构造"褶曲"可能属于假象，素描前要仔细观察分析，以免造成错误。素描位置与素描对象的距离，以素描对象的大小而定，一般是素描对象的高或宽的两倍左右，但也要看景前地形条件，要尽量避免树木或其他物体遮挡视线。

（2）表现河成阶地及现代河流岸边冲刷现象的素描，最好选择在这种现象的斜前方河道转弯的最高一级阶地或残丘上[图6-3（b）]。

如果表现某段河谷，特别是深切河谷以及谷中阶地的分布时，素描则应选在河道转弯、河岸地形陡峭、能看到沿河阶地分布变化的高处，以俯视的角度鸟瞰河谷最为理想。

（3）素描山岳或山前地带的地貌形态，一般选在素描地段山脉走向的45°交角方向、一定距离的更高以及或同高的另一山岭，以俯视的角度较好[图6-3（c）]。这样不但山岳地形走向的变化可以看清而便于描画，并且山前地带或谷间地貌显示也较完整。

（4）若反映某天然露头不同岩性抵抗风化的能力或岩层产状对地形起伏的影响，则选择视线与岩层走向平行或小于30°夹角的位置。如倾斜岩层风化后，硬岩突出，素描位置应当选在出露较好、一端沿走向伸展方向的某一点上[图6-3（d）]。

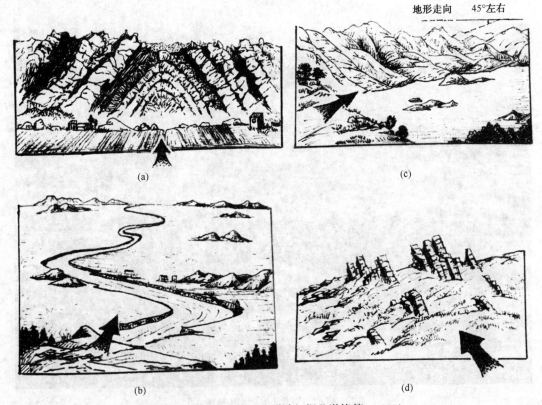

图6-3　素描位置的选择举例(据蓝淇锋等，1977)

3．图幅大小及图幅空间的利用

图幅大小的确定，主要考虑以下因素。

1）内容的多少

根据素描内容的多少，确定图幅的规格，一般可分为广幅、中幅和特写三种。

（1）广幅。对某一地质现象的位置、环境或几种现象相互关系的素描，多安排广幅取景。广幅具有宏观的题材，往往是要反映诸多现象的联系，如一个盆地的素描，就包括了多种不同地貌类型的组合(图6-4)，而这些内容，都需要用广幅素描的形式才能较充分地表现出来。

（2）中幅。往往是对某一个基本地质现象的素描。其取景范围不大，如一个背斜(图6-5)或向斜，一个岩溶孤峰，一个单斜山，一个溶洞等，常是中幅素描所反映的内容。

（3）特写。突出某种现象的细小结构构造形象的素描称为特写，如劈理(图6-5)，缝合线，层间滑动面，一个旋回构造的砥柱或旋回面等。有时为了记录的完整、突出重点，常在中幅中引出特写，以给人一个比较完整的概念。

2）能否恰当地反映素描对象

如某一地貌形态中，包含了某种有意义的地质现象，且两者关系密切而需要描绘下来，这时，如把整个轮廓画的太小，局部的、有意义的现象势必会反映不出来。在这种情况下，需要把轮廓画大一些，以尽量把有关的现象反映出来。但有时有关的现象较小，如按相应比

图 6-4　广幅素描(据冯光虎)

图 6-5　中幅素描的单斜山(据蓝淇锋等，1977)

例画出，图幅就会过大，这时可用特写放大的形式，附在全图适当的位置并用箭头表明这一现象的位置。

3）方便复制和保存

地质素描，是野外调查的重要记录，有些需要复制，纳入文字报告作插图，底图又往往需要存档，因此图幅一般不宜过大。

图幅空间的利用包括以下四个方面。

（1）图幅形式。一般分为立幅、横幅、方幅三种（图6-6）。其中前两种较为常用。当描绘一高耸雄伟的山峰时，宜用立幅形式；描绘一片广阔的沙漠、平原或海洋时，则宜用横幅形式；方幅往往用于特写。

图6-6 地质素描中常用的集中图幅形式（据蓝淇锋等，1977）

（2）主题景象的安排。在地质素描中，为了突出主题，反映主要景象与周围环境的联系，主体景象的安排是最重要的，特别是广幅及中幅素描时，要把主要地质现象发生的地点、环境、变化和相互关系表现出来，尤其需要注意把主体景象安置得当。这就是地质素描的构图。例如图6-7，主体是花岗岩风化剥蚀后的块石，素描时要说明花岗岩沿裂隙面崩解及球面剥蚀所产生的岩块分离这一自然现象。把画面主题安置在左侧，从主体下方伸出的岩基的一角，以及右侧展示的海湾，衬托出了这种现象发生的环境及所在的位置。画面加了一个力推大石的陪衬人物，他可间接比出块石的大小，并借其动作显示块石的险状，大有"一点之托，摇摇欲坠"之势，更加突出了岩石风化这个主题。

（3）地平线的高低。对图幅空间的利用，重要的一环就是地平线高低的安排。它不但影响图幅展示的内容，同时也影响视域的宽窄。如何利用，这既要根据主题而定，又要考虑景前的地形条件，应具备适于素描者作画的位置。

取景是通过空间坐标的变化来实现的。这个空间坐标就是左右变化的横坐标、前后变化

图 6-7　花岗岩球状风化形成的"石蛋"(据蓝淇锋等，1977)

的纵坐标和上下变化的竖坐标。这三度空间不同，也就是素描者所在的位置不同，展示在素描者面前的景象也不同。地平线的高低变化，反映了对景象的仰俯角度变化。仰视时地平线低，适于表现高耸巍峨的景象，俯视时地平线高，适于表现开阔伸展的地景。前者宜于突出重点，后者宜于表现各种现象之间的联系，以反映一个完整的概念。

（4）景象的取舍。取，就是选择与表现主题有关的客观景象作为素描内容；舍，就是排除与主题无关的多余景物，如露头附近的草木、人群、建筑物等，除选择少部分作为陪衬物外，都应该坚决舍去。陪衬物应安排在画面的次要位置。

4. 取景的方法

素描时，为了确定描绘范围和大体控制物象的大小及位置，常常利用"取景框"。简单的取景框有如下两种。

一种是用硬纸板按方幅、立幅、横幅三种形式，剪出正方形及长方形的框（方幅用正方形，横幅和立幅用长方形），确定素描对象以后，手持取景框对准素描对象，前后、左右、上下移动观测，以选取框中的景象（图 6-8），直到认为合适时为止。框中景物就是这张素描的范围，同时把地平线以及主体景象的位置定在图上。为了使素描的轮廓线更加准确，在取景框两对边的中心，分别系上两条黑线，组成十字格，在画纸上也相应画上十字线，以便控制景物比例，使素描更加准确。

图 6-8　用取景框取景的方法(据蓝淇锋等，1977)

另一简单的方法是：以双手食指和拇指组成框形，代替纸板取景框，适于野外随时作画（图6-9）。

图6-9　野外取景的简单方法(据蓝淇锋等，1977)

二、素描步骤

素描范围确定后，着手素描时一般有以下三个步骤。

1. 控制比例，划出大体轮廓，确定景象的前后位置

控制比例，野外常用两种方法：一是坐标控制法，即在画纸上画出与取景框相应的十字坐标线，然后将取景框中十字线穿过的各点定在图稿中[图6-10(a)与图6-11(a)中的箭头所指各点]，同时标出横坐标以上的最高点和最低点，横坐标以下的最下点及最上点。在此基础上选择景中最重要的物象，如图6-10最高的猴山及近图中心岩层产状比较清晰的孤峰(A)，图6-11斜贯整个图幅的低角度冲断层(A′)，用简单的线条划出它的大体轮廓，并作为圈定整个画面其他景物高低、大小、远近比较的标准。另一种方法是相对比例法，即素描前手握铅笔或钢笔，伸直手臂，以笔的一端瞄准景物高、低、长、宽、大、小等可比较的一端，并移动拇指把另一端准确的位置记下来(图6-12)。以第一次的比较长度为一，其他各次以其比较的相对比例相应地定在图上，作为圈定大体轮廓的控制。以上两种方法常结合使用。

控制比例是素描中关键的一步，如处理不当，整个画面比例就会失真。因此，大体轮廓圈定之后，要认真对照景物检查一遍，在比例关系上没有大的出入才能进行下一步骤的工作。

2. 画出景象的几何立体形状，划定块面

在大体轮廓已定的基础上，从近到远，从主到次，逐个将已圈出的"景象单位"，按实际形状所近似的几何立体形状圈定出来，并分析其主要块面的性质，画出块面分割线条，这时素描稿已初具立体效果[图6-10(b)、图6-11(b)]。

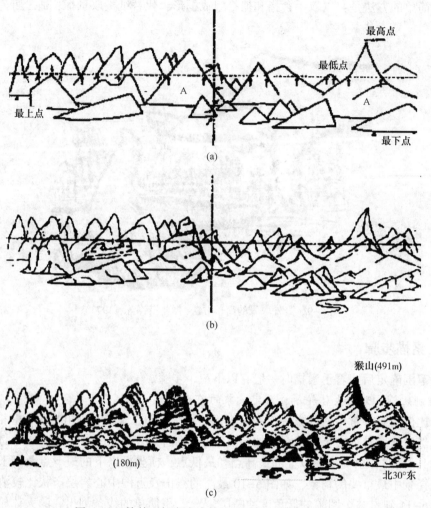

图 6-10　桂林西郊岩溶峰林地形(据蓝淇锋等，1977)

3. 刻划细部，加注说明

块面分割线条画完后，应立即着手景物细部的表现。如石灰岩地区强烈溶蚀侵蚀后，地形上不但表现为尖峰林立、分离破碎的特点[图 6-10(c)]，近景的溶蚀形态更明显，常见尖利如犬牙、圆滑如流水的溶芽及溶槽[图 6-11(c)]，使人知道组成这种地形的岩石性质，给人以真实感。图 6-11(c)不但要把灰岩被侵蚀后特有外形的轮廓表现出来，更重要的是要把受力引起的各种破裂面表现出来。这就必须作细部刻画才能取得相应的效果。当然，所谓细部刻画，也不是点滴不漏，它也是根据要表现的地质内容的要求经过取舍的(图 6-12)。

主要素描内容完成后，再画上作为比例的陪衬物象，写上说明文字，整个素描初稿就算完成了。

一般素描图中的文字说明包括以下内容。

(1) 图中主要山岭、居民点、河流、湖泊等的名称和标高。

(2) 地质界线或地质符号或代号及相应的说明。

（3）比例尺、素描图一端的方位或素描时视线的方位及素描日期。

（4）图名或素描内容的文字说明。

（5）素描作者及其所在单位。

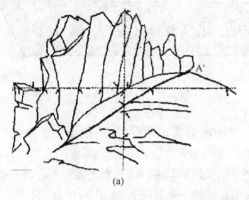
(a)

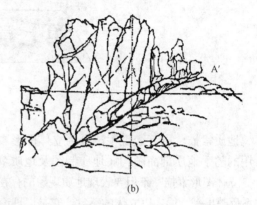
(b)

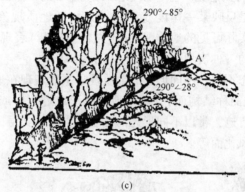
(c)

图 6-11　中上石炭统灰岩中一条倾向 290°、倾角 28°的低角度冲断层上盘
发育的一组高角度(倾角 80°~85°)的低序次入字型断裂(据蓝淇锋等，1977)

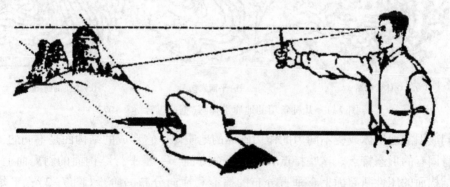

图 6-12　野外素描中的相对比例法(据蓝淇锋等，1977)

第七章 地质素描的分类及举例

地质素描,以其表现手法分为立体图形素描及平面图形素描两种(地质剖面图及踏勘时常用的随手地质剖面图均属地质制图及地质草图类,不在此列)。

立体图形素描,不但要表现地质现象的存在及诸多因素间的联系,而且要把现象存在的空间关系反映出来,给人以立体的感觉。它是以理论绘画为基础的一种表现手法[图7-1(a)]。

平面图形素描,则是反映某一角度或某一"切面"的地质现象,用极简单的线条、少量的地质符号为辅助,按实际可见的地质现象(不做任何推断)表现这一"切面"范围内特定的地质内容,是类似速写的一种表现手法[图7-1(b)]。

地质现象不同,形态不同。不同形态的地质现象主要表现在地质结构面的变化及组合方面。所谓地质结构面(或简称结构面),就是地质体形成过程中或形成后经受各种破坏作用遗留下来的行迹。这些行迹,常以不同形态的面表现出来,如层面、劈理面、褶曲面、侵入岩接触面、不整合面、风化面等。

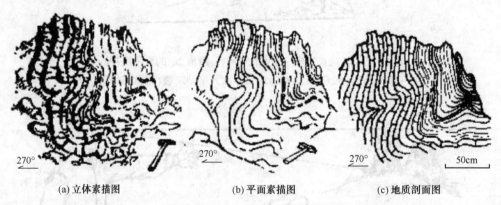

(a) 立体素描图　　　　　(b) 平面素描图　　　　　(c) 地质剖面图

图7-1　几种常用的地质素描图(据蓝淇锋等,1977)

不同成因的地质体或受不同力的作用破坏的地质体,它形成的结构面是不同的,它们都有其自身固有的形态特点。这些特点表现在两个方面:一是平行结构面的剥离面上的特点,如构造结构面的压性断裂面上有垂直分布的擦痕和横向分布的阶步(图7-2);二是垂直结构面的横切面,这个角度结构面则表现为不同形态的"线",是野外观察地质现象常见的、大量的形态特性,也是地质素描时运用线条表现地质体的最好角度。如沉积岩层的褶曲(图7-3)、断层线、缝合线和不同厚度沉积岩的层理等。可见地质素描时,只要抓住了这些结构面,根据不同形态特点用不同的线条表现它,就能较客观地反映各种地质现象。

图7-2 断裂面上的阶步及擦痕
（据蓝淇锋等，1977）

图7-3 薄层泥质粉砂岩形成的褶曲
（据蓝淇锋等，1977）

根据野外观察，常用线条表示的地质结构面，大体可分为五种二十二类，列于表7-1。

表7-1 地质素描时常用线条表示的地质结构面分类及特征（据蓝淇锋等，1977）

成　　因	地质类型	一般的形态特征	岩体结构特点
沉积结构面	1. 层理层面	平直、相互平行、交错或斜线	块状结构
	2. 软硬互层	硬岩层层理平直，软岩层为平行不连续短线	
	3. 不整合或假整合	上下线条有一定交角，线条平直	
	4. 沉积间断面	无规律曲线	
	5. 缝合线	不规律齿状曲线	
火成岩结构面	6. 侵入岩接触面	岩脉平直，侵入岩接触面平缓波状曲线	镶嵌结构或柱状结构
	7. 喷出岩接触面	平缓波状曲线	
	8. 原生冷凝节理	短小直线或有一定交角的多边形	
变质结构面	9. 片理	短小平行的直线	片状结构或块状结构
	10. 揉性蠕变褶皱	揉和的协调或不协调的曲线	
构造结构面	11. 节理面	交叉或平行的直线	碎裂结构
	12. 断裂面	直线或舒缓曲线	
	13. 层间错动面	直线或曲线	
	14. 羽裂	一头粗一头尖的短线	
	15. 劈理	平行直线或交叉直线	
	16. 破裂面	不规则多边形	
	17. 褶曲	波状或锯齿状曲线或折现	
次生结构面	18. 风华裂隙面	不规则多边形	散体结构或块状结构
	19. 卸荷裂隙面	锯齿状折线	
	20. 风化带与原岩接触面	不规则曲线	
	21. 冲刷面	不规则弧线	
	22. 溶蚀面	不规则弧形曲面	

　　野外地质素描时，一切线条都是为表现这些结构面而使用的。素描前，对各种不同结构面鉴别得越清楚，结构面形态特点分辨得越明确，线条运用也就越准确，越能形象客观地表现素描对象。

　　现就不同结构面的不同地质类型举一些素描实例，具体阐明表 7-1 所列的形态特点，供练习参考。由于立体图形素描的要领掌握后，画平面图形素描就比较容易了，所以举例主要突出立体图形素描方法。

一、沉积结构面

　　沉积岩中最具特征的构造就是层理构造和各种层面构造(如波痕、泥裂、缝合线等)。这些构造不但反映了沉积岩的形成条件，而且也是沉积岩的主要鉴定标志。它有成层的特点，它的基本形态类似许多厚度不同的板堆叠在一起，素描时，主要表现其层理的形象，特别是画平面图形素描时，线条主要是反映层理的(图 7-4)。但有时为了说明沉积岩层的岩性变化，除反映层理及单层厚度外，必须把不同岩性风化后的特点表现出来，这就需要用立体图形素描的表现形式来说明这些特点，如图 7-5 所示，自上而下为中层砂岩、厚层砂岩、薄层砂岩、页岩、泥岩。这几个岩层外形特点是不同的：厚层砂岩除单层厚度大之外，层间裂隙相对比较稀疏，裂隙剥离面棱角明显，线条折角尖利；薄层砂岩层间裂隙较密，岩层常分割成矩形方块；页岩则页理发育，线条变化比较柔和；泥岩风化后，表面比较圆滑，常有水流作用形成的垂直地平线的细沟；灰岩的层面有时不十分明显，但溶蚀后，沿层面常有断断续续的溶穴(图 7-6)，层理依稀可辨。

　　沉积结构面的层理构造是野外常见的，而且是重要的素描对象。能否形象而真实地表现它，将影响到构造结构面、变质结构面等的描绘，因此沉积结构面素描的练习是地质素描练习的重要一环。

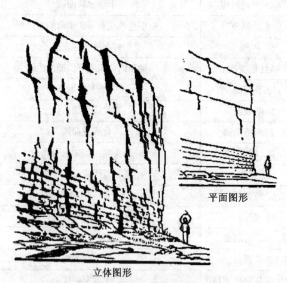

平面图形

立体图形

图 7-4　沉积岩的层理(据蓝淇锋等，1977)

图 7-5　不同岩性的表现手法(据蓝淇锋等，1977)

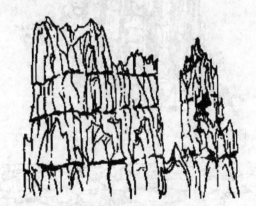

图 7-6　灰岩的溶蚀面及层理(据蓝淇锋等，1977)

二、火成结构面

包括侵入岩、喷出岩等岩浆岩类岩石。野外素描时，较多的是说明侵入岩与围岩的接触关系，因此素描时必须反映侵入岩与围岩两者的不同岩性才能反映出接触界线来。围岩是沉积岩石，一侧层理的形态明显，另一侧则无层理特点。如图 7-7 所示，为石英脉侵入泥盆纪石英砂岩中，两者不仅外形特点不同，而且裂隙方向也不一样，石英脉平整地插入砂岩中。

岩浆岩的构造常见的有块状、斑杂状、带状、气孔状、杏仁状、流纹状、柱状、枕状等，各有特点。如玄武岩，柱状节理很发育，且为六角柱状(图 7-8、图 7-9)，风化后虽不很规整，但六角柱状的外形仍然隐约可见。画轮廓线条及块面分割线条时，只要把握住这种外形特点，便能较好地表现这种现象。此外，喷出熔岩还具有流动过程中经冷却凝成的流动形态，形似熔烛流痕，素描时往往用较柔和的曲线，块面多为波状曲面。

图 7-7　砂岩中穿插的石英脉(据蓝淇锋等，1977)

图 7-8　玄武岩柱状节理(据蓝淇锋等，1977)

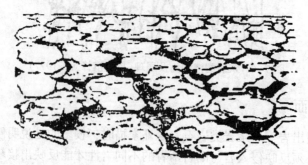

图 7-9　水平侵蚀面见到的玄武岩柱状节理(据蓝淇锋等，1977)

三、变质结构面

　　变质结构面主要是片理结构和揉性蠕变褶皱。片理结构主要表现在平行而密集的片状外形特点，有时则表现为矿物的定向排列。变质岩的结构构造往往是比较复杂的，当岩石受到强烈塑性流动变形时，形成的揉皱是多种多样的，常表现为如图 7-10 的几种形式，用平面图形素描法来画，就显得线条柔和而流畅。

(a) 交互层中形成的揉皱核   (b) 挤压蠕变及层间滑动形成的厚度变化

(c) 强烈蠕变引起的顶底板的不一致   (d) 层间滑动形成的层内褶皱

图 7-10   常见的变质结构面(据蓝淇锋等，1977)

四、构造结构面

这是野外地质素描最丰富、最大量的表现对象。构造结构面是岩石受力变形后遗留下来的行迹，包括褶曲和断裂。褶曲主要通过描绘沉积岩层理变形来表达，素描时，应根据褶曲两翼或复式褶曲总的形态控制轮廓，再按明显岩层划定块面(图 7-11)。一般单纯的岩层褶曲是很少的，常伴随出现断裂、劈理或层间破碎等现象。这些现象往往出现在一定位置，有

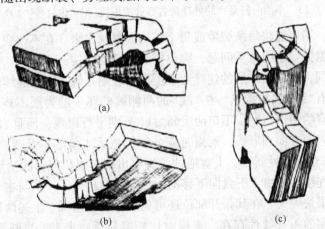

(a)

(b)   (c)

图 7-11   弯曲的双层曲板变换位置(据蓝淇锋等，1977)

相当于野外见到背斜(a)、向斜(b)、直立岩层弯曲(c)等景象

一定的形态，素描时必须依据实际表示出来，如图7-12、图7-13与褶曲同时产生的劈理，虽然其褶曲的形式、发育的程度不同，但都垂直层面的方向将岩层切成纵向薄板状。

北10°西

图7-12　灰岩形成的背斜(据蓝淇锋等，1977)

北西翼劈理发育，多被方解石充填

图7-13　小型向斜发育的劈理将岩石劈成板块(据蓝淇锋等，1977)

　　素描一个现象，不可能将每条裂隙或每个结构面都画出来。在不改变、不歪曲实际形象的前提下，还应根据需要说明地质问题，突出描绘重要的结构面。

　　断裂与褶曲不同，褶曲是岩层的连续变形，而断裂则是破坏岩层连续性的形变。在剖面上它本身的形态具有"线"状的特点。在"线"的两侧被破坏了的岩层不连续，如图7-14所示，水平岩层中发育的两组扭裂，不单两组断"线"分别平行出现，而且岩层也被错断位移，位移的方向反应了应力方向和形式，素描时应分析清楚后才落笔，否则，现象容易被歪曲。图7-15为倾向南东东的压性断裂，上盘逆冲，岩层出现牵引，但弯曲变形的岩层到了断层下盘就失去了它的连续性。由于卜盘向下移动，因而对盘出现了一条与主干断裂有一定交角的张性羽裂，羽裂很快尖灭，在其张开部位还可见到碎裂的角砾。上述两例是出现在沉积岩中的断裂，因为有层的不连续性存在，素描时比较容易反应出来。当断裂出现在火成岩中时，其不连续性就需要借助节理裂隙的变化及突出描绘断裂线来表现了(图7-16)。

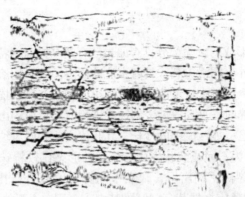

图 7-14　砂页岩层中发育的断层(据蓝淇锋等，1977)

图 7-15　泥盆纪天子岭灰岩中发育的逆冲断层(上盘有明显的牵引现象)(据蓝淇锋等，1977)

图 7-16　花岗岩中发育的逆断层(据蓝淇锋等，1977)

可见素描一种现象时，不能只描绘一种结构面，往往同时要表现几种结构面，对这类几种结构面组合的地质现象，只有根据野外实践经验和地质理论加以认真分析后，才能做客观的概括。

五、次生结构面

是在外营力的作用下形成的。除部分具有原岩已有的结构面的特点外，在外表形态上自成一格。如灰岩的溶蚀面，外表圆滑尖利，具有水流冲刷溶蚀留下的溶槽、溶沟的形态，特别是裸露的灰岩，可以看到自上而下水流淋溶形成的细小槽谷形态。素描时块面分割线条多由弯曲流畅的曲线组成。地貌素描时常见的侵蚀、剥蚀或堆积成因形成的山地、平原地形，也属次生结构面，只是规模巨大而已，如沙漠中的沙丘，其起伏变化的向风坡及背风坡就是这类结构面的一种(图7-17)，形态多为斜面或波状斜面。另一种形态比较特殊的次生结构面，如球状风化面，它具有多层的弧形裂隙，剥离后，常在中间露出一部分凸出的球面(图7-18、图7-19)，素描时，块面分割线条应根据其"球状"的特点，多用向心弧线。

图7-17　沙漠中的沙丘(据蓝淇锋等，1977)

图7-18　花岗岩中发育的球状风化(据蓝淇锋等，1977)

图7-19　雷州半岛南端海安码头玄武岩的球状风化(据蓝淇锋等，1977)

六、野外常用的几种素描

1. 剖面素描

地形与剖面相结合，使地质内容更加明显突出。虽然地景素描更能体现景象的立体感和质感，但其费时；剖面素描除立体感和质感稍差外，能更好地反映地质现象，且绘制方便，因此是野外地质工作中普遍应用的一种素描形式（图7-20~图7-25）。

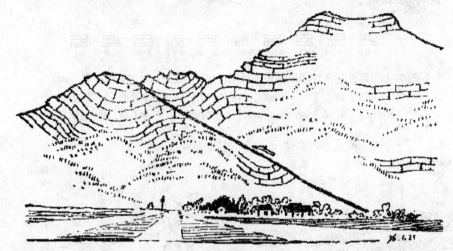

图7-20　广东三水禾生坑凤山泥盆纪灰岩中发育的逆断层及褶皱(据蓝淇锋等，1977)

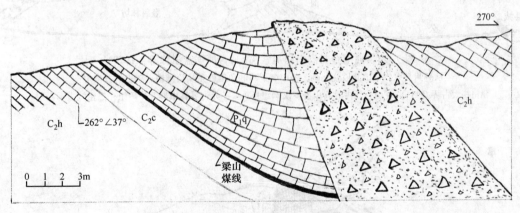

图7-21　安徽巢湖万山埠逆断层剖面素描图

C₂h—黄龙组；C₂c—船山组；P₁q—栖霞组

图7-22　黄陵背斜西翼冀家湾—九曲脑间震旦系剖面素描图(据蓝淇锋等，1977)

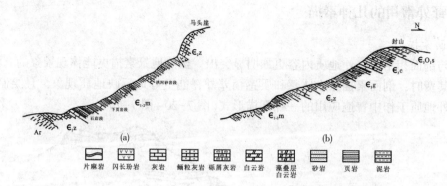

图 7-23　湖北秋千坪区田家坪—母铭峡间震旦系剖面（据蓝淇锋等，1977）

1—砾岩；2—砂岩；3—粉砂岩；4—硅质岩；5—凝灰质砂岩；6—页岩；
7—冰碛岩；8—石灰岩；9—白云岩；10—泥质岩；11—燧石层；12—含磷层

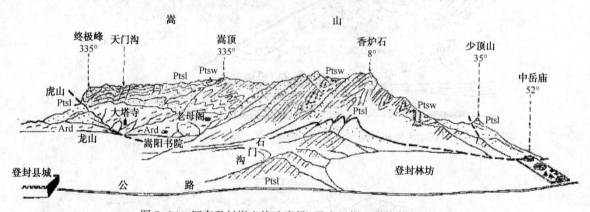

图 7-24　河南登封嵩山构造素描（马杏垣据蓝淇锋等，1977）

从登封县东蝎子山北坡往北画，各山名下写的角度就是从绘画地点望去的方位角；
Ard—太古界登封群；Ptsl—元古界嵩山群罗汉洞组；Ptsw—元古界嵩山群五指岭组；黑粗线表示断层

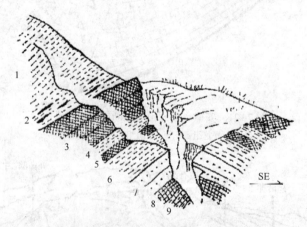

图 7-25　云南昆明风吹山磷灰岩矿床露头（据蓝淇锋等，1977）

1—页岩；2—页岩夹透镜体状磷矿；3—磷矿层（厚 3.5m）；4—钙质页岩；5—磷矿层；
6—钙质页岩；7—石英砂岩；8—石英岩；9—震旦系硅质灰岩

2. 地景素描

地景素描在我们观察视域内所描绘的地质现象范围较大，地质体在地面所组成的地景层次较复杂，描绘前必须进行认真的观察、分析、比较和归纳，从中理出规律，然后确定构图，正确地处理透视关系，块面关系和光、影、明暗对比关系，运用合理的线条，达到准确的描绘（图7-26~图7-31）。

图7-26　新疆孚远三台南烧房沟缓倾斜岩层形成的地貌（据蓝淇锋等，1977）

图7-27　湖北宜恩长潭河由古生界地层组成的向斜远景（据蓝淇锋等，1977）

图7-28　西藏曲松县布余地区雅鲁藏布江断裂景观（据蓝淇锋等，1977）

N—第三系砂、砾岩；T₃²—三叠系千枚岩；∑₅₋₆—超基性岩；γ₅—花岗岩；粗黑线为雅鲁藏布江断裂通过处；

Ⅰ处断层面产状：SW185°∠60°；Ⅱ处断层面产状：SW225°∠45°；Ⅲ处断层面产状：SW185°∠57°

图7-29 安徽黄山由黄山花岗岩形成的玉屏峰(据蓝淇锋等, 1977)

图7-30 广西桂林岩溶地貌(据蓝淇锋等, 1977)

图 7-31　湖北建始凉风槽直立的云台观石英砂岩层(据蓝淇锋等，1977)

3. 露头素描

　　这类素描描绘的地质现象规模较小，往往是一些微地貌、小构造或较大构造的局部等。描绘的精细或简单可根据露头的情况及野外工作的时间而确定(图 7-32~图 7-35)。

图 7-32　花岗岩露头(据蓝淇锋等，1977)

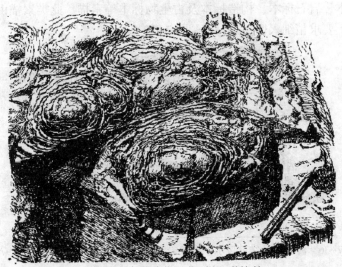

图 7-33　辉绿岩中的球状风化(据蓝淇锋等，1977)

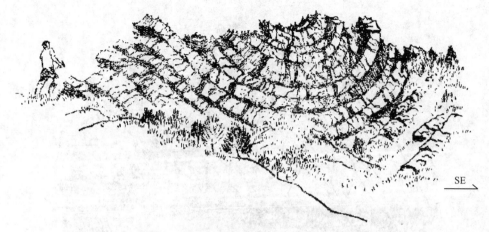

图 7-34　广东三水灰岩中形成的向斜构造(据蓝淇锋等，1977)

图 7-35　广东英德波罗坑由变质砂岩组成的倾伏背斜(据蓝淇锋等，1977)

4. 标本素描

　　包括矿物标本、岩石标本、构造标本及古生物标本等素描。此类素描由于表达内容的需要，在描绘手法上要求精细入微(图 7-36~图 7-39)。

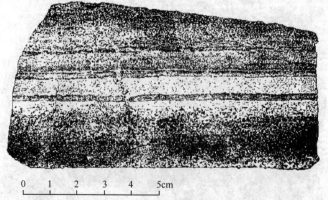

0　1　2　3　4　5cm

图 7-36　河北滦平岔道口水下凝灰岩磨光面(王素)(据蓝淇锋等，1977)

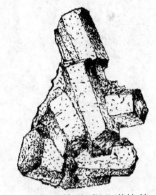

图 7-37　构造标本(据蓝淇锋等，1977)　　　　图 7-38　正长石晶形(据蓝淇锋等，1977)

图 7-39　广东阳春二叠纪龙潭煤系中的化石(据蓝淇锋等，1977)

附图 1-1 黄河龙门峡(据蓝淇锋等，1977)

两岸岩层水平，为二叠系石千峰组砂页岩

附图 1-2 河南林县地貌(据蓝淇锋等，1977)

岩层水平

附图1-3　北京西山军庄奥陶系灰岩构成的背斜一翼(据蓝淇锋等，1977)

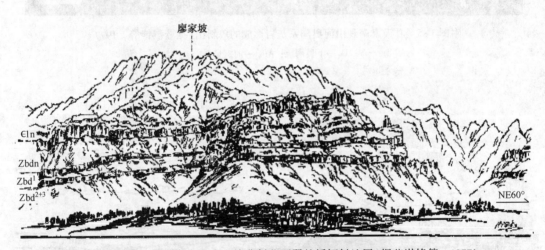

附图1-4　湖北合丰廖家坡东山峰背斜北西翼的缓倾斜地层(据蓝淇锋等，1977)

ϵ_1n—下寒武统牛蹄塘组炭质页岩；Zbdn—震旦系灯影组白云岩；

Zbd^1—震旦系陡山沱组薄层灰岩、页岩及含磷段；Zbd^{2+3}—陡山沱组粉砂质白云岩

附图 1-5　甘肃肃南观山河奥陶系灰岩形成的单斜山（据蓝淇锋等，1977）

O_1—下奥陶统；Anz^2—前震旦系

附图 1-6　黑龙江"五大连池"中的几座火山口（据蓝淇锋等，1977）

附图 1-7　湖北巴东新家拖扒子灰岩垂直节理风化形成的地貌(据蓝淇锋等，1977)

附图 1-8　北京密云沙厂南山侵蚀构造中等山地形及断层三角面(据蓝淇锋等，1977)

附图1-9　甘肃酒泉车站南侧祁连山高山地貌(高处为雪山)(据蓝淇锋等，1977)

附图1-10　内蒙大青山山前断裂地貌景观(据蓝淇锋等，1977)

附图1-11　西藏高原地貌(据蓝淇锋等，1977)

附图 1-12　广西阳朔峰林地貌(据蓝淇锋等，1977)

附图 1-13　广西阳朔岩溶峰林及坡立谷地貌(据蓝淇锋等，1977)

附图 1-14　云南路南石林(据蓝淇锋等，1977)

附图 1-15   湖北巴东由二叠纪石灰岩形成的地貌(据蓝淇锋等，1977)

附图 1-16   湖北恩施中二叠统茅口组石灰岩溶蚀形成的天生桥(据蓝淇锋等，1977)

附图 1-17　湖北建始直立的石灰岩形成的石峰(据蓝淇锋等，1977)

附图 1-18　湖北巴东新家大冶灰岩形成的陡峭地貌(据蓝淇锋等，1977)

附图 1-19　湖北黄陵庙附近长江右岸地形(据蓝淇锋等，1977)

附图 1-20　河北涞水大台村震旦系硅化灰岩山(据蓝淇锋等，1977)

附图 1-21　广西桂林由泥盆系石灰岩形成的峰林地貌(据蓝淇锋等，1977)

附图 1-22　云南路南石林一角(据蓝淇锋等，1977)

附图 1-23　巫山神女峰(据蓝淇锋等，1977)

附图 1-24　江西宁都丹霞地貌(据蓝淇锋等，1977)

附图 1-25　广东仁化丹霞地貌(据蓝淇锋等，1977)

附图 1-26　内蒙乌拉特旗西部花岗岩区风蚀地貌(据蓝淇锋等，1977)

附图 1-27　华南海岸某地之海蚀槽(据蓝淇锋等，1977)

附图 1-28　苏州天平山由花岗岩节理风化而成的"一线天"(据蓝淇锋等，1977)

附图 1-29　新疆雅丹的风蚀雅丹地貌(据蓝淇锋等，1977)

附图 1-30　甘肃北山沙婆泉上侏罗统页岩侵蚀地貌(据蓝淇锋等，1977)

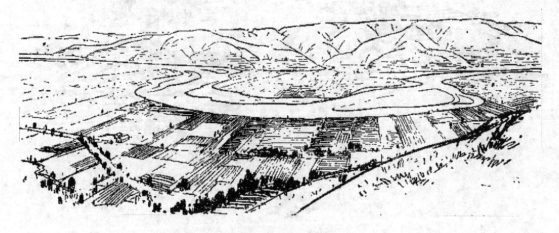

附图 1-31 陕西泾河河曲（据蓝淇锋等，1977）

附图 1-32 云南剑川沙溪石钟寺下第三系
宝相寺组砂岩之侵蚀地貌（据蓝淇锋等，1977）

附图 1-33 甘肃合水黄上坝
（据蓝淇锋等，1977）

附图 1-34　云南丽江石鼓镇附近的长江上游河曲(据蓝淇锋等，1977)

附图 1-35　北京昌平龙山砂岩倾斜岩层地貌(据蓝淇锋等，1977)

南　　　　　　　　大社村　　　　　　　　　　　交地口　白云口　太行山断层崖　　　　北

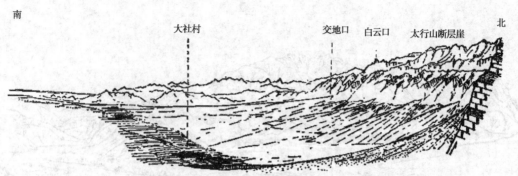

附图 1-36　太行山南麓的冲积扇和洪积平原(据蓝淇锋等，1977)

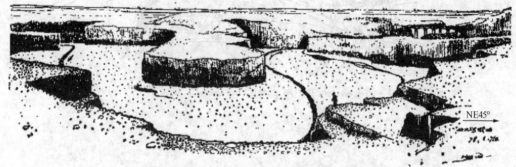

NE45°

附图 1-37　甘肃酒泉北大河蛇曲(据蓝淇锋等，1977)

SW190°

附图 1-38　长江瞿塘峡(据蓝淇锋等，1977)

附图 1-39　长江崆岭峡(据蓝淇锋等，1977)

附图 1-40　四川巫山背斜南东翼(据蓝淇锋等，1977)

野外地质素描基础教程

附图 1-41　甘肃玉门五华山南洪积扇（据蓝淇锋等，1977）

附图 1-42　甘肃北山清水河由第四系砂岩组成的断层崖及三级剥蚀面（据蓝淇锋等，1977）

附图 1-43　河南省登封县玉寨山地貌（据蓝淇锋等，1977）

附图 1-44　海南岛某地玄武岩海岸及海蚀柱(据蓝淇锋等，1977)

附图 1-45　广东高鹤花岗岩丘陵间的小片沼泽(据蓝淇锋等，1977)

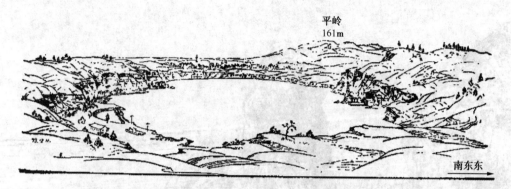

附图 1-46　广东湛江湖光岩火山口湖(据蓝淇锋等，1977)

附图 1-47　甘肃玉门红柳峡附近第三纪粗面岩火山颈(据蓝淇锋等，1977)

附图 1-48　广西桂林水平的石灰岩形成的岩溶石峰(据蓝淇锋等，1977)
由泥盆系融县灰岩组成

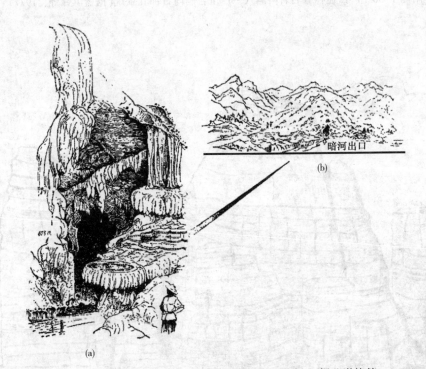

附图 1-49　广东连县天子岭灰岩中发育的岩溶石丘及暗河(据蓝淇锋等，1977)
(a)为近暗河出口处的洞内石灰华沉积

附图 1-50 广西桂林著名岩溶洞穴—芦笛岩洞内石钟乳景观(据蓝淇锋等，1977)

附图 1-51 丹霞地貌素描图

附图 2-1 广西桂林近乎水平的岩层(据蓝淇锋等，1977)

泥盆系灰岩

附图 2-2 甘肃当金山的一个背斜(据蓝淇锋等，1977)

附图 2-3　湖北均县杨家堡箱状褶皱(据蓝淇锋等，1977)

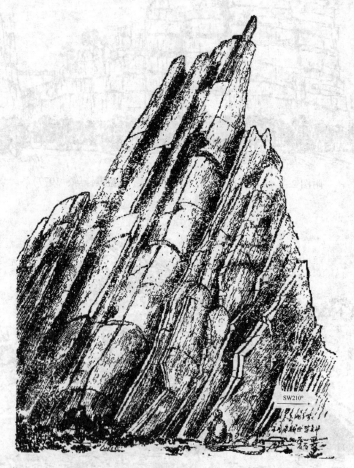

附图 2-4　甘肃祁连山金龙河高角度倾伏背斜(据蓝淇锋等，1977)
由奥陶系板岩、千枚岩组成

附图 2-5　河北迁安宫店子向斜(据蓝淇锋等，1977)

附图 2-6　甘肃昌马西湖泉奥陶系灰岩中的复杂褶皱(据蓝淇锋等，1977)

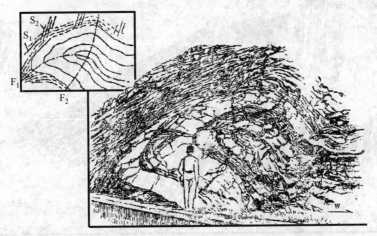

附图 2-7　河南登封纸坊水库溢洪道边的叠加褶皱发育于元古界石英岩夹千枚岩中(据蓝淇锋等，1977)
F_1—早期褶皱轴面；S_1—早期流劈理；F_2—第二次褶皱轴面；S_2—第二次滑劈理

附图 2-8　北京大灰厂奥陶系白云岩小褶皱组成的窗棂构造(据蓝淇锋等，1977)

附图 2-9　甘肃当金山西侧的褶皱(据蓝淇锋等，1977)
由震旦系片岩、千枚岩、板岩组成

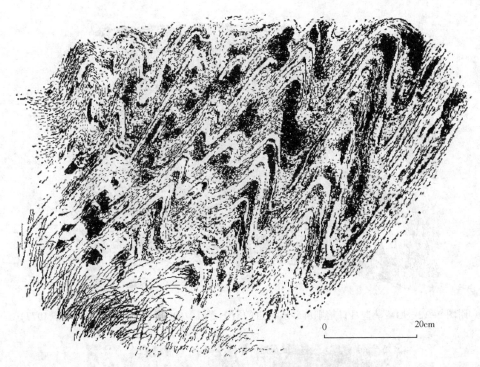

附图2-10　河南方城震旦系桂枝条带状大理岩中的相似褶皱(据蓝淇锋等，1977)

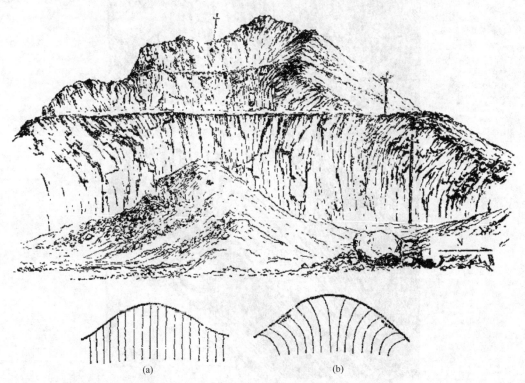

附图2-11　山西山羊坪铁矿开采常在直立岩层中形成的蠕动构造(据属非构造变动)(据蓝淇锋等，1977)

(a)原来的产状；(b)重力使近地表部分的岩层蠕动变形

附图 2-12　西藏萨迦县日喀则群砂质板岩的斜歪背斜中的轴面劈理(据蓝淇锋等, 1977)

附图 2-13　河南嵩山五指岭组石英岩及千枚岩背斜中的正扇形劈理(据蓝淇锋等, 1977)

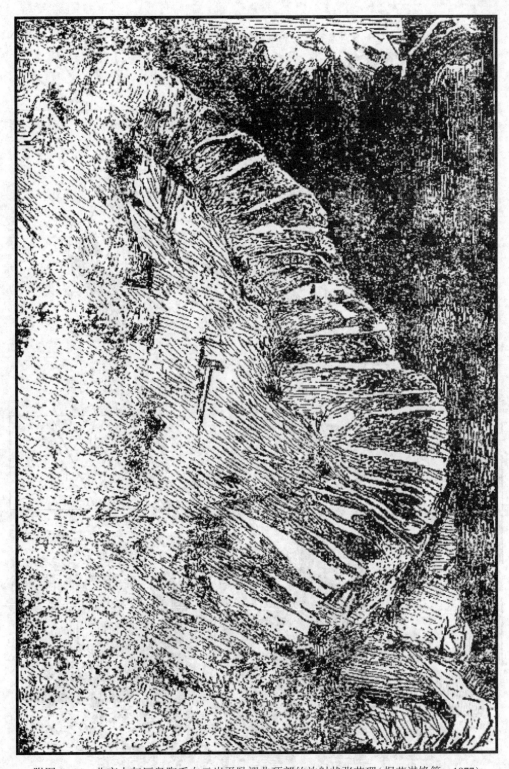

附图 2-14　北京大灰厂奥陶系白云岩平卧褶曲顶部的放射状张节理(据蓝淇锋等，1977)

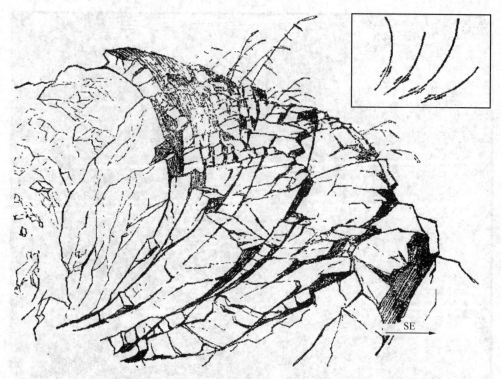

附图 2-15　北京周口店太平山南侧硬砂岩中的旋卷构造(据蓝淇锋等，1977)

附图 2-16　河北兴隆砂岩中断层面附近的帚状节理(据蓝淇锋等，1977)

附图 2-17　角度不整合素描图

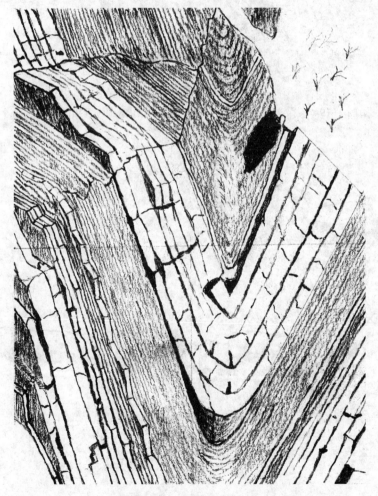

附图 2-18　紧闭褶皱素描图

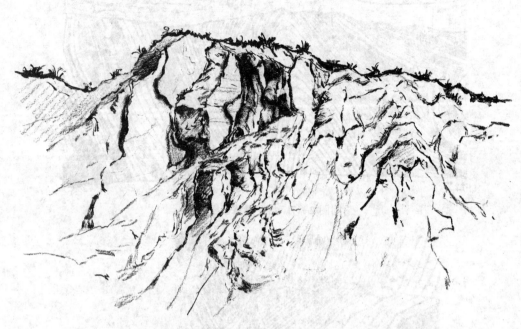

附图 2-19　安徽巢湖平顶山向斜转折端(平顶山南侧)素描图(据袁彦)

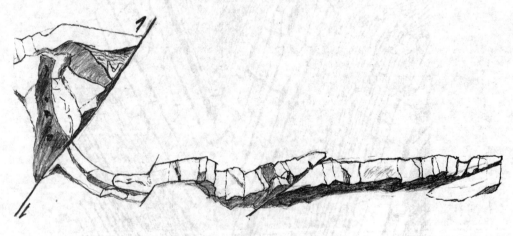

附图 2-20　断层牵引褶皱素描图

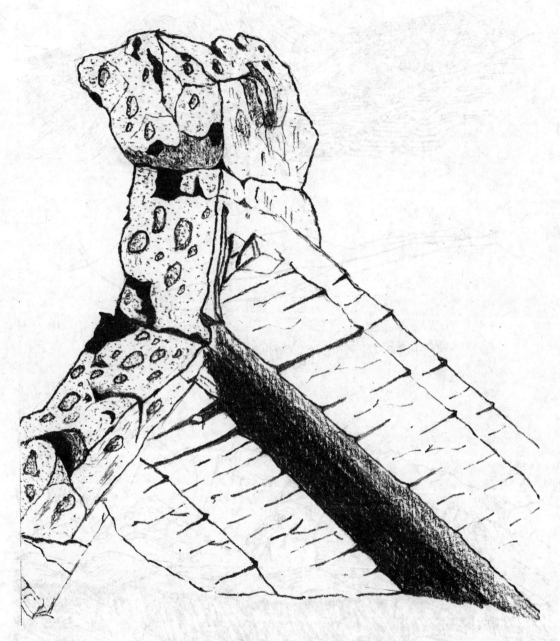

附图 2-21　安徽巢湖凤凰山鹅头崖断层素描图

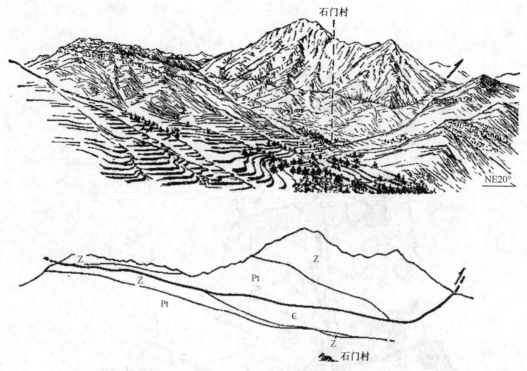

附图 2-22　河南登封飞来峰构造（据蓝淇锋等，1977）

附图 2-23　内蒙乌拉尔山前断层崖（据蓝淇锋等，1977）

附图 2-24　河南偃师五佛山断层形成的断层三角面(据蓝淇锋等，1977)

附图 2-25　湖北巴东新家戴家湾断裂(据蓝淇锋等，1977)

附图 2-26　甘肃当金山西侧由古生代地层组成的断层和褶皱(据蓝淇锋等，1977)

附图 2-27　湖北宜恩小溪东北所见咸丰压扭性断裂带(据蓝淇锋等，1977)

附图 2-28　湖南新邵县曹家坝断裂构造(据蓝淇锋等，1977)

附图 2-29　湖北咸丰野猫河断裂(据蓝淇锋等，1977)

附图 2-30　甘肃阿克塞东第四系砂砾岩(a)与古生代火山岩(b)断层接触(据蓝淇锋等，1977)

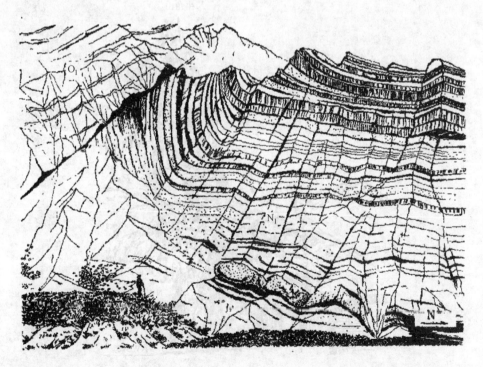

附图 2-31　甘肃祁连青稞地奥陶系板岩(O₁)与第三系砂岩(N₁)断层接触(据蓝淇锋等，1977)

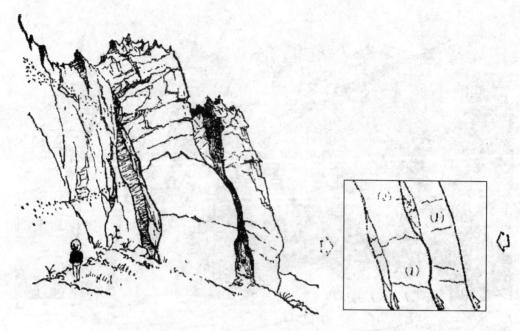

附图 2-32　广东阳春龙岩山北西坡发育于一组平行压性断裂中
的低序次张裂隙及"X"节理(据蓝淇锋等，1977)

附图 2-33　湖北咸丰牛角山断裂(据蓝淇锋等，1977)

附图 2-34　甘肃北山后红泉花岗岩中的基性岩脉及断层（据蓝淇锋等，1977）

附图 2-35　内蒙古狼山北东走向断层及角度不整合接触（据蓝淇锋等，1977）

附图 2-36　甘肃玉门红柳峡附近第三纪粗面岩火山颈与围岩呈陡立的接触关系（据蓝淇锋等，1977）

附图 2-37　甘肃肃北某矿点碳酸盐脉(据蓝淇锋等，1977)

附图 2-38　甘肃马鬃山北坡斜长花岗岩岩体中的基性岩脉(据蓝淇锋等，1977)

附图 2-39　甘肃北山沙井西南大理岩中顺层贯入的辉绿岩脉(据蓝淇锋等，1977)
岩层产状为 NE10°∠60°

附图 2-40　黑龙江"五大连池"有玄武岩组成的火山喷气锥(据蓝淇锋等，1977)

附图 2-41　北戴河海滨花岗岩中的伟晶岩脉(据蓝淇锋等，1977)

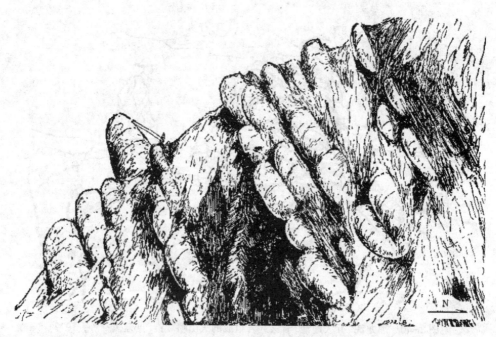

附图 2-42　甘肃阿克塞县后塘北山下古生界基性熔岩枕状构造(据蓝淇锋等，1977)

附图 2-43　黑龙江"五大连池"老黑山前的绳状构造熔岩(据蓝淇锋等，1977)

附图 2-44　甘肃阿克塞县小鄂博沿花岗岩节理贯入的伟晶岩脉(据蓝淇锋等，1977)

附图 2-45　青海暨源二堂沟基性熔岩的一个岩枕(据蓝淇锋等，1977)

附图 2-46　花岗岩中发育的辉绿岩岩脉素描图

K-Ro'n

← 清江

附图 2-47　湖北恩施近水平岩层桔红色细砂岩中的交错层理(据蓝淇锋等，1977)
第三系—白垩系上统正阳组(K2z)

附图 2-48　砂岩中发育的多类型层理

附图 3-1　云南东川的黏性泥石流(据蓝淇锋等，1977)

附图 3-2　甘肃武都的大型滑坡(据蓝淇锋等，1977)

附图 3-3　甘肃陇东黄土滑坡(据蓝淇锋等，1977)

附图 3-4　珠穆朗玛峰 5300m 处冰川侧碛上
的砾石柱(据蓝淇锋等，1977)

附图 3-5　天山西段测量员峰下的巨大冰川
漂砾(据蓝淇锋等，1977)

附图 3-6　甘肃窟窿山玉门砾岩(据蓝淇锋等，1977)

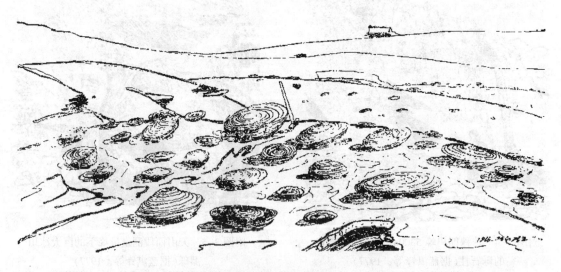

附图 3-7　甘肃北山沙婆泉侏罗系地层中的饼状钙质结核风化露头(据蓝淇锋等，1977)

附图 3-8　甘肃北山花岗岩的球状风化（据蓝淇锋等，1977）

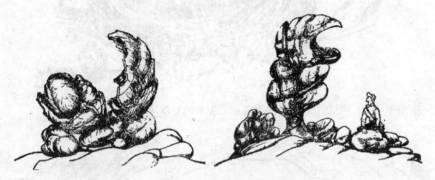

附图 3-9　宁夏花岗岩球状风化（据蓝淇锋等，1977）

附图 3-10　甘肃玉门关风蚀塔
（据蓝淇锋等，1977）

附图 3-11　甘肃祁连第三系红色砂岩的淋蚀现象
（据蓝淇锋等，1977）

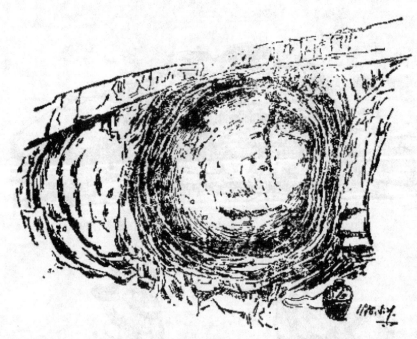

附图3-12 湖北合丰九岭头含砾砂质泥岩的球状风化(据蓝淇锋等，1977)

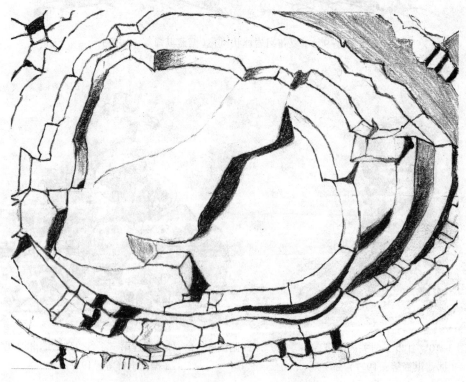

附图3-13 粉砂岩中发育的球形风化

北

附图 3-14　北京密云老铁山磁铁石英岩露头(据蓝淇锋等，1977)

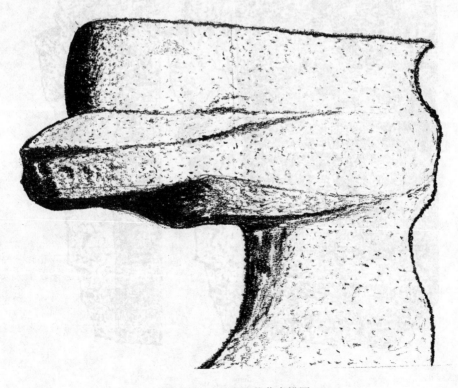

附图 3-15　风蚀蘑菇素描图

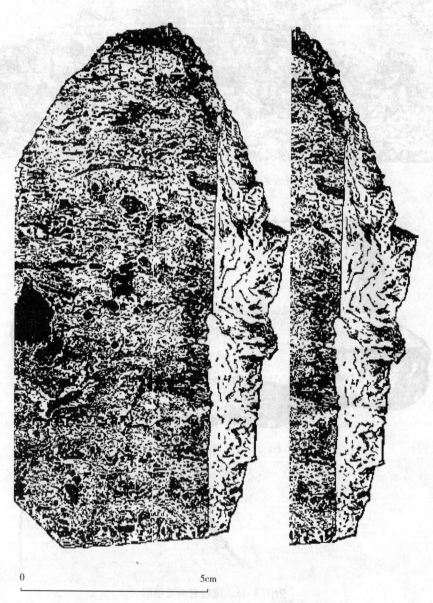

0　　　　　　　　　5cm

附图 4-1　北京延庆流纹质凝灰岩(据蓝淇锋等，1977)

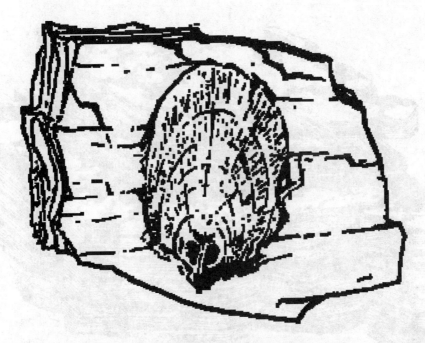

附图4-2　页岩中的长身贝化石(据蓝淇锋等，1977)

附图4-3　山东里旺重晶石穿插赤铁矿标本(据蓝淇锋等，1977)
1—重晶石；2—赤铁矿；3—镜铁矿

附图 4-4　碳磷铀矿聚集与岩层层理关系（据蓝淇锋等，1977）

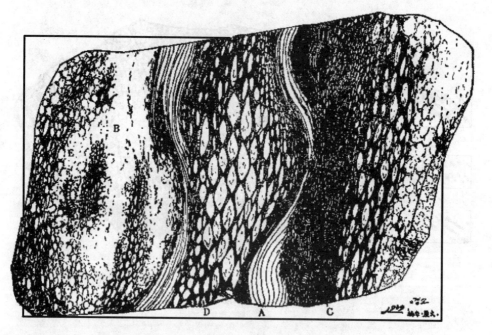

附图 4-5　甘肃北山四十里井花岗岩伟晶岩混染带岩石标本（据蓝淇锋等，1977）

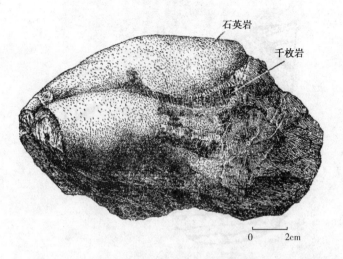

石英岩

千枚岩

0   2cm

附图4-6　河南嵩山变质岩褶皱构造标本(据蓝淇锋等，1977)

附图4-7　白垩系砂岩中的碳磷铀矿结核(据蓝淇锋等，1977)

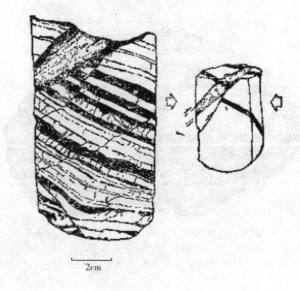

2cm

附图4-8　广东大降坪岩心标本(据蓝淇锋等，1977)

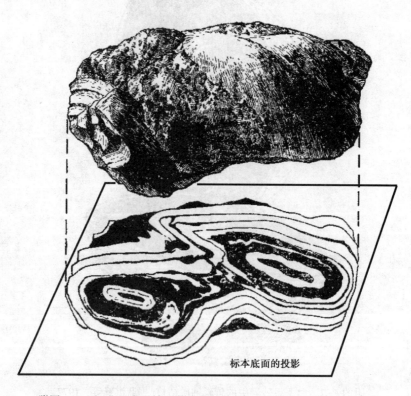

标本底面的投影

附图4-9　河北迁安磁铁石英岩叠加构造标本(据蓝淇锋等，1977)

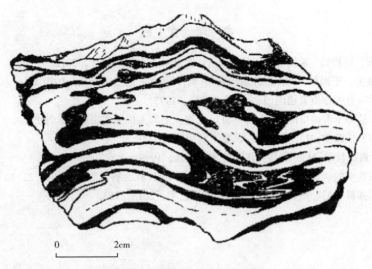

0   2cm

附图 4-10　河北迁安磁铁石英岩中的叠加褶皱(据蓝淇锋等，1977)

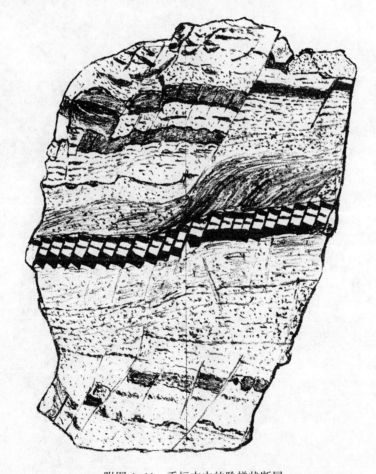

附图 4-11　手标本中的阶梯状断层

参 考 文 献

[1] 杨秀标，常颂，周松竹. 素描基础[M]. 北京：北京工业大学出版社，2012.

[2] 蓝淇锋，宋姚生，丁民雄，等. 野外地质素描[M]. 北京：地质出版社，1979.

[3] 蓝淇锋. 怎样画野外地质素描图[J]. 地质与勘探，1977.

[4] 丹尼尔·M·曼德. 素描指南(第六版)[M]. 上海：上海人民美术出版社，2005.

[5] 杨景芝. 基础素描教学[M]. 北京：人民美术出版社，2000.

[6] 张会元. 设计素描教学[M]. 南昌：江西美术出版社，1999.

[7] 戎涛. 对素描教学的认识与思考[J]. 山西大同大学学报(社会科学版)，2008，22(1)：107-109.

[8] 李春凤. 对素描教学的一些认识与思考[J]. 中国艺术，2013，153.